Residual Stresses
Application of Surface
Enhancement Processes

高玉魁　著

表面形变强化残余应力
及其作用

U0334461

同济大学 出版社
TONGJI UNIVERSITY PRESS
·上海·

内 容 提 要

本书是表面形变强化残余应力的专业技术类专著,主要从表面形变强化工艺介绍、表面形变强化残余应力的产生、表面形变强化残余应力特征及作用等方面详细阐述了表面形变强化残余应力的分布规律和重要性。本书既注重理论体系的完整性,又关注工程实际的应用性。最后一章从工程中常用的形变强化引入残余应力强化处理的典型案例,体现了理论与实践相结合,并介绍了典型的表面形变强化应用案例,内容丰富,逻辑层次清楚。适合航空、汽车、轨道交通、机械等众多领域的工程技术人员以及研究人员参考。

图书在版编目(CIP)数据

表面形变强化残余应力及其作用 / 高玉魁著. -- 上海:同济大学出版社,2022.11
  ISBN 978-7-5765-0420-0

Ⅰ.①表… Ⅱ.①高… Ⅲ.①残余应力－研究 Ⅳ.①O343

中国版本图书馆 CIP 数据核字(2022)第 192623 号

同济大学学术专著(自然科学类)出版基金

表面形变强化残余应力及其作用
高玉魁 著

责任编辑 马继兰　　**责任校对** 徐春莲　　**封面设计** 陈益平

出版发行　同济大学出版社　　www.tongjipress.com.cn
　　　　　(地址:上海市四平路 1239 号　邮编:200092　电话:021-65985622)
经　　销　全国各地新华书店
印　　刷　常熟市大宏印刷有限公司
开　　本　787 mm×1092 mm　1/16
印　　张　12.25
字　　数　306 000
版　　次　2022 年 11 月第 1 版
印　　次　2022 年 11 月第 1 次印刷
书　　号　ISBN 978-7-5765-0420-0

定　　价　78.00 元

前　　言

　　残余应力是影响零部件加工精度和服役耐久性的重要因素,尤其是表面形变强化过程中引入的残余应力会对零部件的使用安全性具有重要影响。因此非常有必要弄清楚表面强化过程中残余应力的形成机制和分布规律,并在此基础上进行合理调控。这不仅是材料、力学、表面工程等诸多领域的学者所关注的重要科学问题,而且也是航空航天、汽车、船舶等行业工程师、设计师在实际应用表面改性技术改善零部件使用性能时需要重点考虑的关键技术问题。

　　本书系作者在二十余年研究成果的基础上,结合国内外最新的研究进展情况而著,主要特色是给出了喷丸强化、激光冲击强化、孔挤压强化、螺纹滚压强化、压印强化等表面形变强化残余应力的分布特征、规律及其作用,尤其是对疲劳性能的改善作用。

　　第1章简要介绍表面形变强化工艺的特点和工艺参数;第2章给出了表面形变强化残余应力的形成机理及测试方法;第3章内容是表面形变强化残余应力的特征及规律;第4章内容是表面形变强化残余应力的作用;第5章内容是表面形变强化的工程应用。

　　本书对从事表面工程和残余应力的科研人员、设计师和工程师具有重要的参考价值,也可作为高等院校相关专业本科生和研究生的学习参考用书。

　　因作者的水平和能力有限,本书出版的主要目的是加强研究者对表面改性技术及其引入的残余应力重要性的认识和对表面形变强化残余应力研究与应用的重视。书中难免存在错漏和不当之处,谨请读者批评指正。

编者

2021 年 12 月

目　　录

1 表面形变强化工艺

1.1 喷丸强化

1.1.1 喷丸强化工艺特点

1. 传统喷丸强化技术

目前,国内对传统喷丸强化技术的研究主要有以下 3 个方面。

(1)基础研究以塑性变形、位错及相变、残余应力及松弛、疲劳断裂、应力腐蚀和表面强化为基础理论,研究材料的疲劳性能和组织强化。TC4 钛合金经喷丸处理后,表层的组织和亚结构细化,表层强变形区形成孪晶,从而产生了强烈的加工硬化效应[1]。PH13-8M、303 奥氏体不锈钢[2]、Ti-10V-2Fe-3Al 钛合金、TC18[3]、TC21 超高强度钛合金[4, 5]等经喷丸强化后,其疲劳性能得到不同程度的提高,疲劳寿命也得以被延长。

(2)特殊材料喷丸工艺参数的选择和确定需要多次试验,采用不同工艺参数(喷丸粒径、喷丸时间和强度)对受喷体进行喷丸强化。残余应力场分析结果表明,随着喷丸时间的延长,最大残余压应力的深度和强化层深度均有所增大,表面残余压应力减小,较大直径和较大喷丸强度会加深强化层的深度。TC4 钛合金经干、湿两种喷丸处理后,其表面产生不同程度的硬化,其中湿喷丸在提高其表面硬度和最大压缩残余应力方面更具有优势。但是,影响喷丸强化效果的工艺参数较多,试验分析缺少对各种喷丸参数下残余应力变化规律的系统研究,采用数值模拟分析可弥补这一缺点。

(3)随着应用范围的逐渐拓宽,目前喷丸强化的应用范围已经从传统的钛合金、铝合金零部件扩展到镁合金[6]、粉末冶金[7]、3D 打印材料[8]等新材料,且喷丸强化不仅用于提高材料的疲劳寿命,同时还能使之发生塑性形变,实现表面纳米化。对 ZK60 镁合金和 CW103K 新型高强镁稀土合金进行喷丸处理可提高其疲劳性能,改善其疲劳断裂行为,并开发了与之配套的关键设备。对发生自蔓延反应的金属混合粉末涂层进行喷丸处理,得到了表面纳米涂层。

一直以来,国外基础研究都注重考察喷丸对工件疲劳性能、表面硬度和耐磨性的影响,以期获得稳定的工艺参数,拓展喷丸的应用范围。对航空用 AISI4340 钢材、40CrNi2Mo 高强度钢喷丸处理,可以代替硬铬电镀来提高耐疲劳性能;40CrNi2Mo 高强度钢经过喷丸处理之后,疲劳极限提高20%～30%。用有限元模拟的方法来预测和解释喷丸参数对喷丸强化的影响方面也有相应的研究进展,通过建立新三维模型,系统考察了喷丸参数控制对构件材料性能的影响,结果表明喷丸处理能在铝合金等金属表层引入残余压应力场,从而提升其抗疲劳性能,但同时也会增大材料表面粗糙度,模拟结果与试验研究结果相一致。引入内聚力模型以评价喷丸强化对疲劳裂纹增长的影响,模拟结果与试验结果一致,即裂纹萌生的位置和时间依赖于喷丸强度。然而,不同喷丸工艺的复杂性使得模拟计算的可靠度存在一定的问题。因此,目前研究者也越来越注重试验和数值模拟相结合,以便控制工艺参数,使喷丸过程向着更有利的方向发展。虽然国内对喷丸的改性工艺及理论研究取得了一定进展,但对喷丸工艺参数系统控制的模拟研究比较薄弱,关键设备的研制投入较少,且自动化控制无法满足工业应用要求,所以在这些方面与国外还有较大差距。

2. 新型喷丸强化技术

喷丸强化工艺已经有了百余年的历史,近年来机械制造业内各领域对喷丸技术需求多变、要求更高,促进了新型喷丸技术的迅速发展,出现以激光喷丸、超声喷丸/高能喷丸、微粒子喷丸、高压水射流喷丸以及湿法喷丸为代表的多种新型喷丸技术,使得喷丸技术的应用领域更加广泛,并朝着低成本、自动化、工艺参数实现精确控制等方向发展。

1) 超声喷丸/高能喷丸

超声喷丸是最具前景的新型喷丸方法之一,尤其适合焊件的强化处理。这种技术有着广泛的工业应用,所涉领域包括航空航天、船舶和海洋、汽车、铁路还有桥梁结构等[9],这些领域对材料的强度、疲劳寿命、抗腐蚀性和耐磨性有着非常高的要求。超声喷丸装置如图1-1所示,喷丸介质分为弹丸和撞针两类。装置的工作原理为超声波发生器产生超声波,超声波将引发振动工具头上的撞针或弹丸室内的弹丸产生振动,进而撞击试样表面。经过超声喷丸后的材料表面层发生剧烈的塑性变形,导致晶粒尺寸减小、显微组织细化[10]。材料自身的有害拉应力也能被有效消除,并于表层形成残余压应力场。超声喷丸产生的强化层深度要比传统喷丸深,且能够使金属表面产生几十微米的纳米层,使得表面硬度和疲劳强度提高。此外,由于超声波的普及使得超声喷丸设备价格较为低廉,应用前景十分广阔[11]。

高能喷丸与弹丸式超声喷丸的原理和设备相同,利用弹丸不断撞击金属表面,使金属表层发生剧烈塑性变形,通过累积塑性变形使晶粒不断细化。二者的区别在于进行高能喷丸时需要将设备工作频率调至低频,而超声喷丸则在高频下工作;此外,高能喷丸需要选用较大粒径的弹丸(毫米量级),弹丸能量与超声喷丸也存在一定差异。高能喷丸同样能够在材料表面形成纳米晶层,显著提高材料表层硬度[12,13]。

由于超声冲击(或超声冲击喷丸)与传统的喷丸在原理和设备工艺方面有很大不同,有必要单独给出,因此在本章后面一节再给出关于超声冲击更详细的介绍。

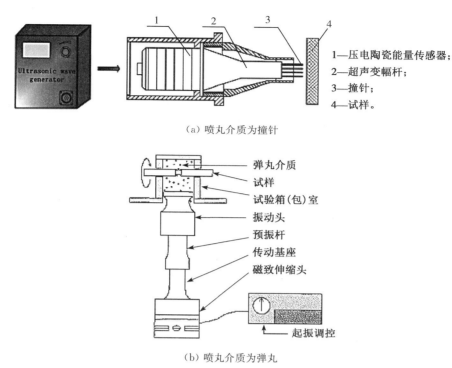

1—压电陶瓷能量传感器；
2—超声变幅杆；
3—撞针；
4—试样。

（a）喷丸介质为撞针

弹丸介质
试样
试验箱（包）室
振动头
预振杆
传动基座
磁致伸缩头

起振调控

（b）喷丸介质为弹丸

图 1-1 超声喷丸设备示意图

2）微粒子喷丸

微粒子喷丸是一种采用直径尺寸范围为 0.03～0.5 mm 的细粒或微粒弹丸作为喷丸介质，以较快速度（150～200 m/s）冲击材料表面，使得处理后的材料表面硬度和残余应力增幅较大，但表面损伤较小的新型喷丸工艺[14]。通常情况下，弹丸材质为高硬度（750～1 000 HV）的高速工具钢、硬质合金、玻璃合金和陶瓷等[9,14]。与传统喷丸强化相比，微粒子喷丸对材料硬度的提高幅度基本相当，但由于微粒子喷丸降低了材料的表面粗糙度，使得材料的表面耐磨性得到显著提高。微粒子喷丸工艺可用于汽车螺纹、齿轮等零部件以及各种切削工具和模具的强化处理，能够明显提高强化处理件的服役寿命，但目前微粒子喷丸设备的喷嘴尚处在研制阶段，且微粒子的粒度难以统一，导致微粒子喷丸工艺的推广较为困难[14]。

3）高压水射流喷丸

高压水射流喷丸是一种环保、高效的新型喷丸技术，其原理为垂直于材料表面的喷嘴沿着平行于表面的方向移动，以一定方式将高压纯水射流持续高速地喷射到材料表面，使表层材料发生塑性变形，从而获得一定厚度的表面强化层。高压水射流喷丸强化技术可分为高压纯水射流和高效高能水射流喷丸强化，后者包括空化水射流和混合水射流喷丸强化等[15,16]。

相对于传统喷丸强化，高压水射流喷丸具有诸多特点：① 材料表面粗糙度小，可有效减少表面应力集中效应；② 以水作为喷丸介质，无传统喷丸中弹丸破碎的现象；③ 水和动力源来源广泛，成本低廉、生产效率高；④ 低噪声、无尘、安全卫生、利于环保等特点。因而高压水射流喷丸具有较大的优势和广阔的应用前景[16]。

4）湿喷丸

湿喷丸也是近年来新兴的一种喷丸强化工艺，具有节能环保、强化效果好、材料表面损伤小和弹丸破碎率低等特点。湿喷丸一般采用陶瓷丸介质，图1-2为其强化过程示意[17]，其工作原理为将弹丸和水按照一定比例混合，将形成的丸液混合物作为喷丸介质，再利用压缩空气或磨液泵将介质喷射到材料表面，使其表层形成强化层和残余应力场[18]。由于在湿喷丸强化处理过程中，在材料表面形成了一层液膜，能够有效减小摩擦，起到保护表面的作用[19]，因此经过湿喷丸强化处理的材料表面粗糙度较低，这弥补了传统喷丸强化处理后材料表面损伤较大且容易嵌入弹丸碎屑的缺陷。

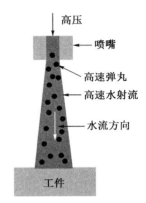

图1-2　湿喷丸强化示意图[17]

1.1.2　喷丸强化工艺参数

传统喷丸强化技术的工艺参数包括弹丸硬度、弹丸直径、弹丸速度、弹丸流量、喷射角度、喷嘴到工件表面距离等[19,20]。对于湿喷丸强化来说，还有磨液比（水与弹丸的质量比）这一参数。

喷丸强化处理中弹丸的种类较多，通常可以采用金属丸（如铸铁丸、铸钢丸）、玻璃丸与陶瓷丸等。弹丸是传递能量的工具，在喷丸强化过程中，弹丸的选择将直接影响喷丸强化的质量，其硬度和形状是直接影响因素。一般情况下，依据受喷件的表面状态选择弹丸的硬度。对于铸铁丸、铸钢丸等黑色金属丸，通常要求高于受喷件表面硬度为HRC5～HRC10；弹丸直径则需要根据零件尺寸来选择，用大直径弹丸（2.0～2.8 mm）处理大型零件，小直径弹丸（0.3～1.0 mm）处理小型零件[21]；喷丸气压决定喷丸过程中的弹丸速度和弹丸流量，喷丸设备决定喷射角度和喷嘴到工件表面距离。对于喷射角度，一般要求弹丸流与零件法线间夹角不得超过45°，否则会影响强化效果[19]。

喷丸强化效果和质量是由众多工艺参数共同决定的，但没有直截了当的方法和指标对其进行检测和评价。目前，业界以喷丸强度和喷丸覆盖率两个参数来控制喷丸过程和检测效果。通常情况下，喷丸强化的工作流程为根据材料性能和零件结构等来选择喷丸强度，再经过试验确定合理的喷丸工艺参数[20]。

其中，喷丸强度是表征材料表面塑性变形程度的重要参数。喷丸强度是通过测量同参数下喷丸的阿尔门试片（AISI 1070弹簧钢）的挠曲变形量得到的。阿尔门试片分为三类，即N片、A片和C片，能够表征的强度逐渐增大。变形后试片的弧高值h取决于其内部形成的残余应力场分布情况和强化层深度，因此可用来表征喷丸强化效果[20]。其中,同样强度下在 A 片上产生的弧高约为 N 片上的 1/3,在 C 片上产生的弧高约为 A 片上的 1/3,推算出强度换算关系为 n mmA≈$3n$ mmN,n mmC≈$3n$ mmA。对同类型的试片进行不同时间的喷丸,可获得喷丸后试片的弧高值随时间的变化曲线(h-t 曲线),也称为喷丸饱和曲线或阿尔门强度饱和曲线,该曲线应当不少于四个测试数据点[22]。喷丸饱和曲线如图 1-3 所示,可看出弧高值在喷丸时间增长的初期迅速增加,但到一定时间后弧高值增加缓慢。在该曲线中,出现的第一个将其时间再延长一倍但弧高值增加量不超过 10% 的喷丸时间点被定义为饱和时间,其对应的弧高值 h 定义为喷丸强度[23,24]。

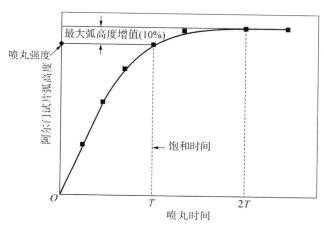

图 1-3　喷丸饱和曲线图

　　覆盖率是指受喷零件表面弹坑对表面的覆盖程度,即表面弹坑面积占总面积的百分比[20]。覆盖率过小会导致零件无法抵抗外加拉应力而导致提前疲劳失效,但覆盖率过大会导致表面粗糙度增加,产生毛刺、微裂纹等表面损伤,强化效果同样较差,因此合理的覆盖率才能够保证好的喷丸强化效果。通常情况下,航空工业用零件的喷丸覆盖率要求在 125%～200%。一般来说,实际操作中很难测量超过 98% 的覆盖率,因此当覆盖率不低于 98% 时就可称为达到完全覆盖或 100% 覆盖。当零件的喷丸要求超过 100% 的覆盖率时,可以通过控制喷丸时间来实现。测量覆盖率的方法为选择 10～30 倍放大镜进行人工目视检查。此外,国外公司发明了荧光笔和荧光涂料,可在零件喷丸前将荧光涂料均匀涂抹于其表面,喷丸后将零件置于黑暗环境中并使用紫外光笔照射表面进行观察。但是由于此种方法无法判断零件表面是否过喷,导致表面覆盖率过大,所以其使用受到争议,在国内未被推广使用[25]。

　　所谓喷丸强化工艺的质量,实质上主要是指喷丸零件表面强化层深度和层内残余压应力的大小及其分布。喷丸过程中任一参数(主要是弹丸尺寸、速度、流量、时间)的变动,都会影响喷丸强化的质量[26,27]。检验和控制强化工艺质量的方法很多,下面分别予以讨论。

　　(1)弧高度法不仅是确定喷丸强度的试验方法,同时它又是控制和检验零件喷丸质量的方法。在生产过程中将弧高度试片与零件一起进行喷丸,然后测量试片的弧高度,如弧高度值处在生产工艺中规定的范围内,则表明零件的喷丸强度合格。此方法最为简便、可靠,是目前生产中普遍采用的检验方法,也是控制和检验喷丸强化质量的基本方法。

(2)X 射线法。弧高度试片给出的喷丸强度,仅表明金属材料的表面强化层深度和残余应力分布的综合值,而 X 射线法能给出它们的具体数值。用 X 射线应力测定仪和电解抛光逐次去层法可以测定出残余应力在表面层内的分布。具体测试方法如下:

① 制备应力测定试样,尺寸约为 8 mm×15 mm×15 mm。

② 根据规定的喷丸强度对试样进行喷丸强化。

③ 测定表面残余应力。

④ 用电解抛光法单面逐次去层,每去一层测定一次表面应力,每次去层深为 $3\sim5~\mu m$。对每次的测量值进行修正后,便可获得残余应力 σ_r 沿表面深度的分布。

(3)再结晶法是将喷丸强化零件(或试样)加热至再结晶温度以上(加热温度和保温时间视材料的种类而定),使强化层内的冷变形组织产生再结晶并形成明显的再结晶晶粒,在金相显微镜下可以测出再结晶晶粒层深度,此即强化层深度。

此方法对奥氏体材料最有效。因为这种方法较为简便,一般工厂均有条件采用它来检验零件的强化层深度。此外,它也是研究强化层内组织结构变化的一种方法。

(4)硬度法是将强化试样(或零件)表面倾斜一定角度($\alpha=3°\sim5°$)进行磨削加工,由此获得一新表面。然后测定斜面上的显微硬度或威氏硬度。

这些方法中以弧高度法为基本方法,其他方法由于试验繁琐和周期冗长,一般较少为实际生产所采纳,但作为研究喷丸强化机理来说,它们却是十分重要的方法。

关于零件表面覆盖率的检验,一般采用标准件做对比的方法。将预先经过覆盖率鉴定的标准件(试样或零件),与生产中的强化件用目视方法做对比检验,以此检查生产件的覆盖率。此外,可用棉纱擦拭强化表面,如强化表面麻坑的峰谷转接圆滑,则表面不会遗留棉丝。反之,如弹丸破碎率较高,强化表面形成尖峰,用棉纱擦拭后表面上会刮上许多棉丝,这样的强化表面需按规定的工艺(合格弹丸)重新进行喷丸强化。

在正常生产中,为确保产品的强化质量,需要制定检验制度。通常规定,每工作 4 h 应用弧高度试片检查一次喷丸强度。如符合规定强度要求,则表明前批产品强化质量良好;如低于规定的强度要求,允许再行补喷一次,如高于规定的强度要求,则产品应报废。

1.2　激光冲击强化

激光冲击强化(Laser Shock Peening,LSP)是一种新型的表面强化技术,具有显著技术优势。

20 世纪 60 年代,美国科学家发现了激光诱导冲击波现象[28]。与此同时,我国的钱临照先生也发现了此现象,提出冲击波有可能对材料作用后使材料位错密度增加的概念[29]。受当时试验条件和应用背景的影响,激光冲击强化技术在 20 世纪 70 年代才开始得到实际研究,而受到广泛重视和快速发展则是 20 世纪末的事情。五十多年来,该技术取得了巨大进步,技术也日益成熟,带动了一大批产业的发展[30]。

1.2.1 激光冲击强化工艺特点

激光冲击强化的基本原理是:采用短脉冲(几十纳秒)、高峰值功率密度(> 10^9 W/ cm^2)的激光辐照金属表面,使金属表面涂覆的吸收保护层吸收激光能量并发生爆炸性气化蒸发,产生高温(> 10^7 K)、高压(>1 GPa)的等离子体;该等离子体受到约束层的约束,形成高压冲击波(GPa 量级)并在材料内部传播,利用冲击力的力效应在材料表层产生塑性变形,使表层材料微观组织发生变化,并在较深的厚度上残留压应力,从而显著提高金属材料抗疲劳、耐磨损和防应力腐蚀等性能[31-33],如图 1-4 所示。

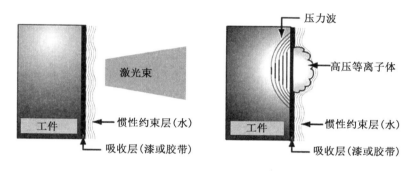

图 1-4 激光冲击强化示意图

1. 激光冲击强化原理结构特点[34,35]

激光冲击强化利用了激光诱导等离子体冲击波(或成激光吸收波的原理或现象),通过约束层增大冲击波压力,进而构成吸收保护层和约束层原理结构,这种原理结构具有典型代表性,主要有以下三个特点:

(1)高压。爆轰波的压力达到几个 GPa,乃至 TPa 量级,这是常规的机械加工难以达到的。例如,机械冲压的压力常在几 MPa 到几百 MPa。

(2)高能。激光束单脉冲能量达到几十焦耳,峰值功率达到 GW 量级,在 10～30 ns 内将光能转变成冲击波机械能,实现了能量的高效利用。

(3)超高应变率。冲击波作用时间仅几十纳秒至上百纳秒,由于冲击波作用时间短,应变率达到 10^6 s^{-1},这比机械冲压高出10 000倍,比爆炸成型高出 100 倍,属于极端条件下的制造方法。

2. 激光冲击强化技术优势

激光冲击强化不同于激光打孔、激光切割、激光焊接等利用激光热效应的加工工艺,它是一种利用冲击波的力学效应对材料表面进行改性,提高材料的抗疲劳等性能的技术,其加工过程对工件基本没有热影响[36]。与喷丸、滚光、表面合金化等传统强化手段相比,激光冲击具有如下技术优势:

(1)效果更佳。激光冲击强化能形成深度更深的残余压应力层,可达 1～2 mm,是喷丸的 5～10 倍,并能使材料表层晶粒细化甚至出现纳米晶粒,可提高材料的疲劳强度 1 倍以上,是其他强化方法难以达到的。

(2)可控性强。由于激光光斑大小和位置可精确控制,因此激光冲击强化能够处理一些传统工艺不能或难以处理的部位。例如:小孔、倒角、焊缝和沟槽等部位,并易于通过控制的方法防止部件强化后变形。

(3)适用性好。激光冲击强化后,金属表面留下的冲击坑深仅为数微米,基本不改变零件的表面粗糙度,且具有无热影响等特点。

1.2.2　激光冲击强化工艺参数

某研究人员探究了 6082 - T6 铝合金在不同激光冲击工艺参数下的残余应力场分布规律[37]。对于激光冲击诱导的等离子体冲击问题,材料本构模型的选取不能仅考虑材料在静载下的变形响应,还必须考虑等离子体冲击载荷的数量级和具体作用情况。

根据受力不同情况,材料模型可分为弹性体模型、弹塑性体模型和流体模型。在激光冲击过程中,等离子体的冲击载荷会使材料产生塑性变形,但并不会使材料处于流体状态,因此选择弹塑性体材料模型。为了适应激光冲击的高应变率,有研究人员采用 Johnson-Cook 应变敏感塑性模型[37],如式(1-1)所示:

$$\sigma = \left[A + B(\varepsilon)^n\right] \cdot \left[1 + C \cdot \ln\left[\frac{\dot{\varepsilon}}{\dot{\varepsilon}^0}\right]\right] \cdot \left[1 - \left(\frac{T - T_0}{T_m - T_0}\right)^m\right] \tag{1-1}$$

式中　A,B,n,C,m——由试验确定的常数,A,B,n 用来体现应变硬化现象,C 用来体现应变率对材料性能的影响;

ε——应变;

$\dot{\varepsilon}$——等效塑性应变率;

$(\dot{\varepsilon}^0)$——参考应变率;

T_0,T_m——室温与熔点温度。

有限元模拟中所用 6082 - T6 铝合金的 JC 模型参数为:$A = 274.65$ MPa,$B = 169.98$ MPa,$n = 0.280\,6$,$C = 0.02$。

1. 冲击波峰值压力对残余应力场的影响

冲击波峰值压力大小是影响残余应力分布的一个关键性因素。表 1-1—表 1-4 分别为不同激光喷丸参数下的功率密度,由修正公式(1-2)可计算出表中不同功率密度下,峰值压力依次为 1.82 GPa，2.57 GPa，3.15 GPa，3.63 GPa。为了研究峰值压力大小对残余应力场的影响，选择上述峰值冲击压力进行模拟计算[37]。

$$P = 0.8\sqrt{\rho} \ \sqrt{I_0} \tag{1-2}$$

表 1-1　　　　　　　　　　　　仿真参数(功率密度 I = 3.18 GW/cm²)

参数	脉冲能量	脉冲宽度	光板直径	功率密度	峰值压力
取值	2 J	20 ns	2 mm	3.18 GW/cm²	1.82 GPa

表 1-2　　　　　　　　　　　　仿真参数(功率密度 I = 6.37 GW/cm²)

参数	脉冲能量	脉冲宽度	光板直径	功率密度	峰值压力
取值	4 J	20 ns	2 mm	6.37 GW/cm²	2.57 GPa

表 1-3　　　　　　　　　　　　仿真参数(功率密度 I = 9.55 GW/cm²)

参数	脉冲能量	脉冲宽度	光板直径	功率密度	峰值压力
取值	6 J	20 ns	2 mm	9.55 GW/cm²	3.15 GPa

表 1-4　　　　　　　　　　　　仿真参数(功率密度 I = 12.7 GW/cm²)

参数	脉冲能量	脉冲宽度	光板直径	功率密度	峰值压力
取值	8 J	20 ns	2 mm	12.7 GW/cm²	3.63 GPa

此外，为了具体地分析激光喷丸处理后的靶材内部残余应力场的分布规律，需要提取激光冲击压力作用区域的 3 个路径(路径 1、路径 2、路径 3)，用来体现残余应力在各特征路径的具体数值，路径的位置如图 1-5 所示，路径 1 为激光光斑上表面的直径，路径 2 是沿光斑中心的垂直路径，路径 3 为激光光斑下表面的直径。

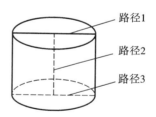

图 1-5　路径的提取

图 1-6(a)表示峰值压力为 1.82 GPa 时，各单元节点沿路径 1 的残余应力分布。在应力张量的 9 个分量中，S11，S22，S33 分别表示沿 x，y，z 的正应力，即 σ_x，σ_y，σ_z；S12，S13，S23 分别表示由 x 至 y、由 x 至 z、由 y 至 z 的切应力，即 τ_{xy}，τ_{xz}，τ_{yz}；且 S21，S31，S32 分别与 S12，S13，S23 等值反向，故本文不再给出 S21，S31，S32 的值。由图可知，三向残余压应力 S11，S22，S33 和切应力 S12，S13，S23 大致沿激光光斑的中心轴呈现对称分布，由于与截面相切的方向靶材没有受力，因此切应力 S12，S13，S23 的值非常小，接近 0 MPa。由于靶材上表面是自由表面，因此主应力 S33 在上表面的值为零。S11 和 S22 的值均为负值，分布基本一致，因为有限元模型中高斯分布的压力是沿圆心对称的，但有限元的单元网格并不完全按照对称划分，故 S11 比 S22 略大。

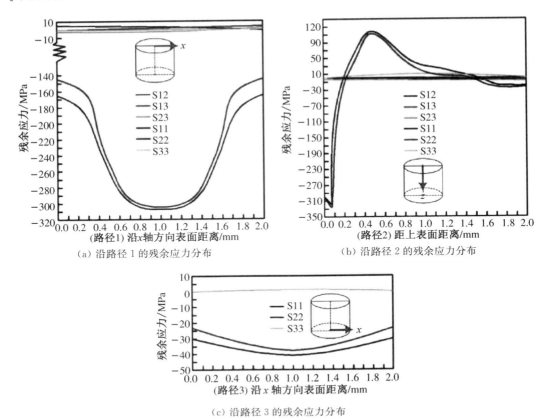

(a) 沿路径 1 的残余应力分布

(b) 沿路径 2 的残余应力分布

(c) 沿路径 3 的残余应力分布

图 1-6　峰值压力为 1.82 GPa 时的残余应力分布

图 1-6(b)表示峰值压力为 1.82 GPa 时,各单元节点沿路径 2 的残余应力分布,由图可知,S11 和 S22 的分布仍基本一致,随着深度增加,S11 和 S22 先为负值,再为正值,最后又变为负值,因此将靶材分为"压应力层-拉应力层-压应力层"的应力结构。沿路径 2 方向,在第一个"压应力层"内,压应力的最大值并不出现在靶材表面,而是随着深度增加,表现为先增大,到达极值后再减小为零的形式;在后续的"拉应力层"内,随着深度增加,拉应力先增大,到达极值后再减小为零;在最后的"压应力层"内,随着深度增加,压应力由零逐渐增大,并最终趋于稳定。

图 1-6(c)表示峰值压力为 1.82 GPa 时,各单元节点沿路径 3 的残余应力分布,由图可知,S11 和 S22 的分布仍基本一致,但其值仅为几十 MPa,S33 的值仍接近于零,由于下表面的残余应力并不是激光喷丸直接导致的,而是卸载后靶材为了达到受力平衡而产生的,因此其值远小于上表面。

综上可以看出,在激光喷丸形成的残余应力场中,S33 和切应力 S12,S13,S23 的值都非常小,接近 0 MPa,可以直接忽略。而 S11 和 S22 由于对称的关系,其分布基本一致,因此下文对残余应力场的研究对象主要是 S11。

1)表面的 S11 应力云图分析

图 1-7 为不同峰值冲击压力下,靶材表面的 S11 应力云图,从图中可以得到以下规律:

（1）冲击区域（深色区域）的残余应力为负值，即为单一的压应力。这是因为高强冲击压力使靶材表层发生了不均匀弹塑性形变，产生了残余压应力。靶材表面形成的这部分残余压应力，数值可达数百MPa，有助于改善材料的抗疲劳强度[36]。因为在疲劳载荷作用下，残余应力可以起到平均应力的等效作用，残余压应力可以等效为负的平均残余应力，对改善抗疲劳强度有积极意义；相反，残余拉应力等效为正平均残余应力，将降低抗疲劳强度[37,38]。

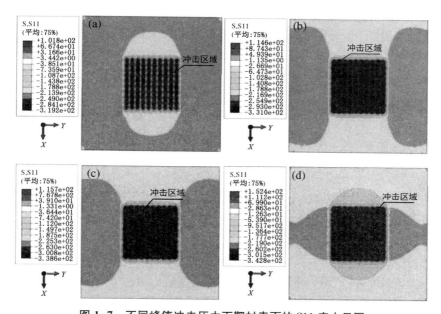

图 1-7　不同峰值冲击压力下靶材表面的 S11 应力云图
(a) $P=1.82$ GPa；(b) $P=2.57$ GPa；(c) $P=3.15$ GPa；(d) $P=3.63$ GPa

（2）随着冲击压力的增加，残余压应力最大值逐渐增加，依次为 319.2 MPa，331.0 MPa，338.6 MPa，342.8 MPa，其增幅依次为 11.8 MPa，7.6 MPa，4.2 MPa，其增幅逐渐减小，因此随着冲击压力的增加，激光喷丸强化效果呈饱和趋势。

（3）在靶材表面，冲击区以外的区域残余应力呈现拉应力状态，并且随冲击压力的增加，拉应力也呈增加的趋势。残余拉应力对材料抗疲劳强度的消极影响上文已经阐述，因此，激光喷丸强化仅表现在冲击区域内，而对冲击区域以外的材料具有一定的消极影响。

2）深度方向的残余应力分析

图 1-8—图 1-11 列出了不同冲击压力下深度方向残余应力 S11 的分布，在不同冲击压力作用下其应力分布规律相似，为：

（1）深度方向的应力分布满足"压应力-拉应力-压应力"的"夹心层"结构，即上下表层为压应力区域，中间区域为拉应力区域，且上表层压应力的值远大于下表层。

（2）由局部放大图可知，应力波以层状形式传播，类似于"水波状"，并且波阵面为柱面。造成这种特殊的应力结构原因为：在隐式分析计算靶材回弹过程中，去除边界条件的约束,靶材发生凸变形,因此将在底部产生残余压应力。因为靶材相对较厚,凸变形量较小,因此底部的残余压应力的值较小,远小于上表层的残余压应力。同时,为了抵消上表层的大数值的残余应力,中间区域产生拉应力层使受力趋于平衡。

3)不同峰值冲击下的残余应力分析

不同之处在于:在峰值冲击压力作用下,其"夹心层"结构各层厚度不同,且最大残余压应力值、最大残余拉应力值不同,具体差别如下:

(1)当峰值冲击压力为1.82 GPa时,"压应力-拉应力-压应力"的"夹心层"结构各层对应的厚度分别为0.266 mm,2.674 mm,1.060 mm,最大残余压应力出现在距离表面约0.1 mm处,其值为319.2 MPa,最大残余拉应力的值为101.8 MPa,靶材底面的残余压应力值为38.5 MPa。

(2)当峰值冲击压力为2.57 GPa时,"压应力-拉应力-压应力"的"夹心层"结构各层对应的厚度分别为0.533 mm,1.907 mm,1.560 mm,最大残余压应力值为331.0 MPa,最大残余拉应力的值为114.6 MPa,靶材下表面的残余压应力值为40.4 MPa。

(3)当峰值冲击压力为3.15 GPa时,"压应力-拉应力-压应力"的"夹心层"结构各层对应的厚度分别为0.612 mm,1.808 mm,1.580 mm,最大残余压应力值为338.6 MPa,最大残余拉应力的值为115.7 MPa,靶材下表面的残余压应力值为48.4 MPa。

(4)当峰值冲击压力为3.63 GPa时,"压应力-拉应力-压应力"的"夹心层"结构各层对应的厚度分别为0.665 mm,1.475 mm,1.860 mm,最大残余压应力值为342.8 MPa,最大残余拉应力值为152.4 MPa,靶材下表面的残余压应力值为53.9 MPa。

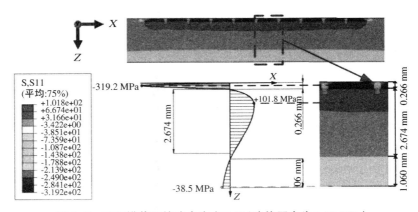

图1-8　试样横截面的残余应力云图(峰值压力为1.82 GPa)

2. 脉冲宽度对残余应力场的影响

激光以脉冲的形式发出,控制激光器脉宽的光路器件是Q开关,由Q开关"水坝"式的工作原理,可以实现对脉宽的延长或缩短。由于约束层的作用,冲击压力持续时间应该等于脉冲宽度的3倍。在进行有限元模拟计算时,峰值压力选择为2.57 GPa,光斑直径选择为2 mm,搭接率选择为0,脉宽选择为10 ns,20 ns,30 ns,40 ns,则对应的冲击压

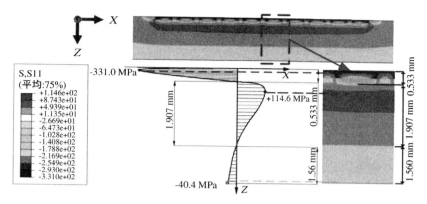

图 1-9　试样横截面的残余应力云图(峰值压力为 2.57 GPa)

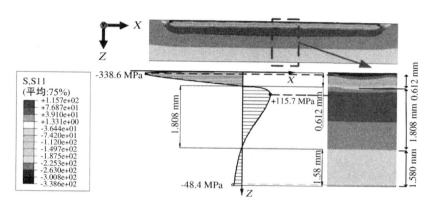

图 1-10　试样横截面的残余应力云图(峰值压力为 3.15 GPa)

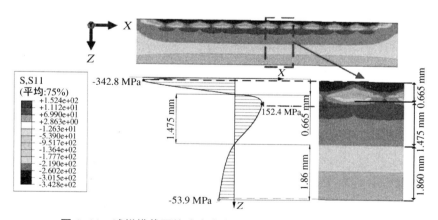

图 1-11　试样横截面的残余应力云图(峰值压力为 3.63 GPa)

力作用时长为 30 ns,60 ns,90 ns,120 ns。冲击压力随时间的加载曲线按照先线性增加至峰值,然后再线性减小至零。

冲击压力作用时间为 30 ns 和 90 ns 下的残余应力 S11 云图如图 1-12 所示。不同的冲击压力作用时间下,形成的最大残余应力分别为 138.1 MPa,331.1 MPa,差值达到 193 MPa。对比云图发现,当冲击压力作用时间为 90 ns 时,表面压应力分布均匀,深度方向残余压应力层较深,可以明显观察到应力波的波阵面为柱面,类似于水波状。因此脉冲宽度对激光喷丸的影响非常明显,若脉冲太短,造成压应力层浅,表面压应力分布不均,强化效果不理想。根据试验的模拟条件发现,对于 6082-T6 铝合金,激光脉冲宽度应该大于 20 ns 或考虑约束层因素以增加冲击压力作用时间,保证冲击压力作用时间大于 60 ns,应力波才能够充分传播,否则表面压应力分布不均匀。不同冲击压力作用时间下 (30 ns,60 ns,90 ns,120 ns),表面残余应力的详细数据如图 1-13 所示。

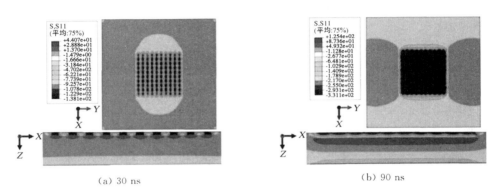

(a) 30 ns　　　　　　　　　　　　　(b) 90 ns

图 1-12　不同冲击压力作用时间下的残余应力云图

图 1-13 为不同冲击压力作用时间下,残余应力沿路径 1 的分布。由图可以看出,激光脉宽对表面残余应力影响十分明显,随着冲击压力作用时间从 30 ns 增至 120 ns,表面最大残余压应力依次为 235.2 MPa,310.6 MPa,333.1 MPa,338.4 MPa,增幅分别为 32.06%,7.24%,1.59%。表面残余压应力最大值在压力作用时间为 30 ns 与 60 ns 之间的增幅较大,因此脉冲宽度小于 10 ns 时的残余压应力对表面强化效果较差。同时发现增幅的增加趋势随脉宽增加不断减小,表面残余压应力最大值在增加到一定值后基本不再变化,表明表面残余应力场的改善效果随着脉宽的增加逐步减

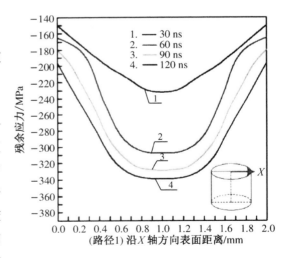

图 1-13　不同冲击压力时间下沿路径 1 的残余应力值

弱;另外,脉宽的增加意味着激光能量的增加,加大能耗且烧蚀吸收层,并且有可能能量过剩对靶材进行烧蚀。综合以上所述的因素,脉宽应处于一个合理的范围,根据试验模

拟结果,针对 6082-T6 铝合金,脉宽选择 20～30 ns 是较为合理的,脉宽小于 10 ns 可能造成表面压应力小且分布不均匀;当脉宽大于 40 ns 时,表面残余应力的值没有明显增幅,且能耗加大可能造成对靶材的烧蚀。

3. 光斑搭接率对残余应力场的影响

采用激光喷丸处理靶材时,单个光斑不可能对整个冲击区域进行一次性冲击强化处理,多个光斑之间必然存在一定的排列形式,即在实际激光喷丸过程中需采用一定的光斑搭接处理,光斑按照不同的搭接率 η 形成了激光喷丸的路径。光斑搭接率计算公式为[39]

$$\eta = \left(1 - \frac{L}{D}\right) \times 100\% \tag{1-3}$$

式中　L——两个相邻光斑圆点之间的距离;

　　　D——光斑直径。

采用光斑搭接率分别为 0%,25%,50% 和 75% 并进行数值计算,探讨不同的搭接率对残余应力场分布的影响规律。

激光光斑的不同搭接率对应的表面残余应力 S11 的分布规律如图 1-14 所示,图中圆形区域表示激光喷丸光斑。由图 1-14(a)可以观察到,激光光斑的搭接率为 0 时,相邻两个光斑间没有任何重叠部分,因此各次激光喷丸过程不相互干扰,分别是相对独立的过程。靶材表面残余压应力由光斑中心向边缘逐渐减小,圆形光斑中心是靶材残余压应力最大值的位置,残余压应力最大值为 312 MPa;圆形光斑边缘是残余压应力最小值的位置,残余压应力最小值为 180 MPa。由于光斑相对独立,所以造成表面残余压应力分布不均匀,存在明显波动。

由图 1-14(b)可以观察到,当激光光斑的搭接率为 25% 时,相邻两个光斑间有一小部分重叠,激光光斑边缘与下一个光斑的半径中点搭接。圆形光斑中心仍然是靶材残余压应力最大值的位置,其最大值为 315 MPa;在冲击区域内,圆形光斑边缘不再是残余压应力最小值的位置,残余压应力最小值出现在搭接区域的中心,其值为 240 MPa。因为光斑重叠的相互影响,使得边缘处的应力得到改善,并且整个表面残余压应力较图 1-14(a)波动更小,分布更均匀。

由图 1-14(c)可以观察到,当激光光斑的搭接率为 50% 时,前一激光光斑中心恰与后一激光光斑边缘搭接。圆形光斑中心仍是靶材残余压应力最大值的位置,残余压应力最大值为 340 MPa;在冲击区域内,激光光斑的半径中点是靶材残余压应力最小值的位置,残余压应力最小值为 290 MPa。与搭接率为 25% 时相比,应力值的波动有明显改善。

由图 1-14(d)可以观察到,当激光光斑的搭接率为 75% 时,光斑重叠区域多,搭接情况比较复杂。在冲击区域,残余压应力的最大值为 350 MPa,最小值为 330 MPa,冲击区域的表面应力分布十分均匀,极大值与极小值仅相差 20 MPa。

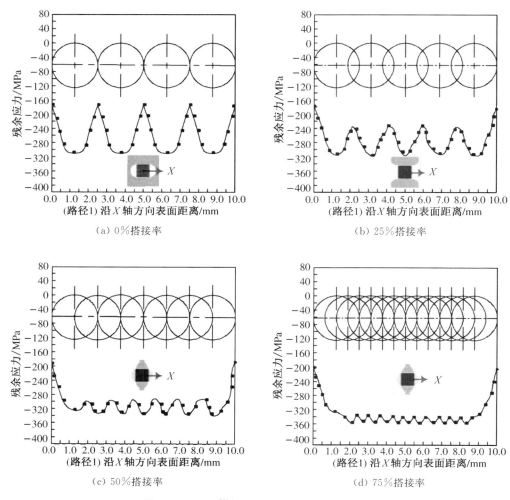

（a）0％搭接率

（b）25％搭接率

（c）50％搭接率

（d）75％搭接率

图 1-14　不同搭接率下的表面残余应力分布

将不同搭接率下表面的残余应力 S11 值整合起来并进行对比分析，得到分析结果如图 1-15 所示。由图 1-15 可知，随着激光光斑的搭接率增大，靶材沿表面方向 X 的整体残余压应力波动不断减小，并且整体的应力幅值水平逐渐增大。激光光斑搭接率越高，局部区域受到冲击次数越多，因此残余压应力值增大。

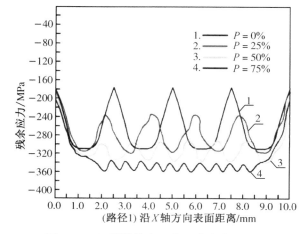

图 1-15　不同搭接率下表面残余应力分布

4. 光斑大小对残余应力场影响

为了研究激光光斑尺寸对残余应力的影响,在有限元模型中设置光斑直径 D 分别为 $2\ mm$,$4\ mm$,$6\ mm$ 及 $8\ mm$。其余参数设置如下:峰值压力 $2.57\ GPa$、脉冲宽度 $20\ ns$、搭接率 0。

由图 1-16(a)可知,激光光斑直径 D 从 $2\ mm$ 增至 $8\ mm$ 时,沿路径 1 的最大残余压应力值依次为 $332.1\ MPa$,$346.4\ MPa$,$358.9\ MPa$ 和 $369.1\ MPa$。可见,随着光斑尺寸的依次增加,靶材表面的残余压应力值增加,其增幅逐渐减小。其主要原因为光斑尺寸影响应力波的传播过程。在小尺寸光斑处理下,应力波在靶材内部传播的波阵面主要为柱面波;而在大尺寸光斑处理下,应力波在靶材内部传播的波阵面逐渐转变为平面波。平面波的衰减小于柱面波,因此,在激光喷丸中,在其他参数相同的情况下,大尺寸的光斑产生的残余压应力值大于小尺寸光斑产生的残余压应力值。当激光光斑直径 D 取值为 $2\ mm$ 时,试样表面的最大残余压应力并不出现在光斑中心,表现出较为明显的"残余应力洞"现象。但随着光斑直径增大,该现象逐渐消失。一方面,光斑的边界效应随着光斑尺寸增大而减小,由边界效应产生的表面稀疏波强度减小;另一方面,由于光斑尺寸增大,表面稀疏波传播到光斑中心的距离增加。因此,由边界汇聚到光斑中心的表面稀疏波强度大幅减弱,有效避免了"残余应力洞"现象。

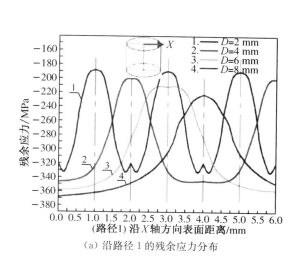

（a）沿路径 1 的残余应力分布

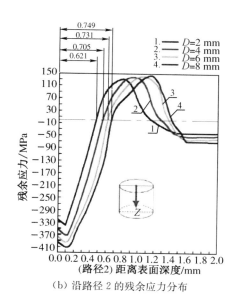

（b）沿路径 2 的残余应力分布

图 1-16　不同光斑直径的残余应力分布

1.3　孔挤压强化

在飞机起落过程中,主要承受较大的交变载荷,影响最严重的就是工件上承受交变载荷的孔。这些孔在飞机起落过程中承受交变载荷,因此飞机起落架零件的失效多数以疲劳方式发生,而且常常起裂于零件的表面。提高带孔构件孔表面的疲劳抗力是有效防止飞机起落架这种关键承力构件失效的直接途径[40-43],目前国内外最常用和最有效的措施就是采用表面强化技术。

螺接、铆接是飞机结构的主要连接方法,因为螺栓孔、铆接孔造成材料不连续,在飞机服役过程中,孔边存在严重的结构应力集中,孔结构很容易发生疲劳断裂失效,甚至引发灾难性航空事故。据统计,疲劳断裂是飞机结构件的主要失效形式[44,45],这些失效结构件中约有 70% 的疲劳裂纹源于连接孔[46],约有 90% 的机体事故是因孔结构失效导致[47],可见连接孔已成为制约飞机整体疲劳可靠性的主要因素。随着飞机"长寿命、高可靠性、低维修成本、提速减重"等设计和制造要求的不断提高,连接孔的疲劳可靠性愈发重要,提高连接孔疲劳强度已经演变为航空工业关心的关键技术问题之一。

孔挤压强化技术作为表面强化工艺中挤压方法的一种,在孔的表面质量、孔表面层与组织结构一致性及抗疲劳强化效果等方面均取得满意的效果。通过孔挤压在孔周围引入残余压应力,降低孔周围的应力集中,是常用的提高疲劳寿命的方法之一。尤其在航空结构上,孔挤压普遍用于紧固孔的加强和提高疲劳寿命。孔挤压工艺具有降低初始缺陷尺寸、延长检查时间间隔、减轻重量以及延长疲劳寿命等优点。

1.3.1 孔挤压强化工艺特点

孔挤压工艺是利用有一定过盈量的挤压棒均匀、连续地挤压孔,使该孔的周围产生弹塑性变形层,也就是残余应力层[48]。孔挤压强化的基本原理[49]是这样的:金属经过挤压以后,由于其具有弹塑性变形能力,就会造成孔周围的材料发生径向的塑性流动,从而产生径向和周向的弹塑性变形区域。在这个变形区域内存在两个强化机理:①在这个变形区域内有很高的宏观残余应力,这个残余应力在疲劳过程中能降低外加的疲劳交变载荷中瞬间的拉应力水平以及平均应力水平;②在强化层内,由于组织结构发生了改变,微观内应力升高,位错密度有所增加,在疲劳过程中,能阻碍位错的往复运动以及金属晶体之间的滑移,从而延长裂纹萌生时间。

孔冷挤压强化技术[50]由于其良好的强化效果以及工艺上易于实现的特点,在工程上被广泛采用,迄今已将近 50 年的历史。总结起来,这种利用材料局部表面发生塑性形变达到疲劳增寿的方法,主要有以下几种,如图 1-17 所示。

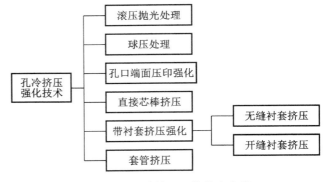

图 1-17 孔冷挤压强化技术分类

1. 滚压抛光处理

滚压抛光处理技术要求在挤压棒圆周上均匀分布数对高硬度滚珠,初孔会在滚珠的螺旋运动下微微胀大,孔壁粗糙表面的"波峰"被推到"波谷"处,如图1-18所示。孔内壁表面的质量得到了提高。但是这种方法产生的塑性变形比较小,所以强化效果不佳,疲劳增寿效果有限。

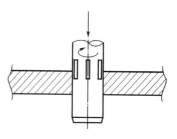

图1-18 滚压抛光处理

2. 球压处理

球压处理技术要求钢球的直径略大于初孔的直径,将钢球慢慢挤过预先润滑过的初

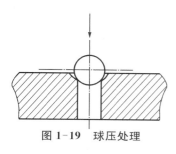

图1-19 球压处理

孔,如图1-19所示。球挤压时[43],钢球和孔壁接触面是一条极窄的圆环,接触区域很小,因此,球挤压相对于芯棒挤压,其摩擦力更小,适用于高强度合金钢小直径大深度连接孔抗疲劳强化,Rolls Rocye等发动机制造商已将该技术应用在钢轴上Φ3~Φ4 mm深小孔强化处理[53]。但是,球挤压实施不当,会在挤入端引入残余拉应力,影响强化效果。为解决该问题,发展了正反双球挤压[53],正反双球挤压是指先用一个直径较大钢球挤过连接孔,再用一个直径更大的钢球从相反的方向(与第1次挤压方向相反)再次挤过该孔,从而达到预期强化效果,该技术能在孔壁引入大深度残余压应力,还能降低终铰孔的不良影响。

3. 孔口断面压印强化

孔口断面压印强化主要通过对各种孔径边缘的滚压,使孔边缘及附近区域发生塑性变形,降低由于孔口几何因素所造成的应力集中,如图1-20所示。

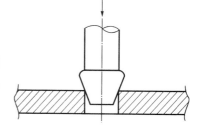

图1-20 孔口断面压印强化

4. 直接芯棒挤压

直接芯棒挤压方法的原理是将充分润滑的挤压棒以过盈形式强行通过预先铣削或拉削的初始圆孔。孔壁在锥形挤压芯棒的直接作用下产生弹塑性变形,形成有益的残余

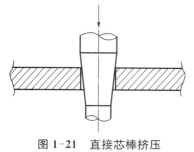

图1-21 直接芯棒挤压

压应力层,有效地抑制和延缓疲劳裂纹的萌生与扩展,如图1-21所示。为减小孔壁与芯棒之间摩擦力,该技术需预先在芯棒表面涂抹MoS_2和润滑油,即便如此,挤压时轴向摩擦力仍然较大,足以促使材料向挤出端流动,并最终在挤出端形成后期要用砂纸打磨消除的材料堆积;直接接触挤压还容易在轴向划伤孔壁,形成潜在裂纹源,故挤压后还需铰孔消除划伤。由于直接芯棒挤压操作工艺

简单,其在制造和维修中应用比较普遍,特别是低挤压量挤压强化,该技术难以实现高挤压量挤压强化处理[53]。

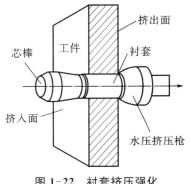

图 1-22　衬套挤压强化

5. 衬套挤压强化

衬套挤压强化方法是在直接芯棒挤压强化方法的基础上发展演化起来的,二者原理非常相似。它们的不同点在于,衬套挤压强化方法要求挤压芯棒与孔壁之间用一个钢制衬套隔开,挤压棒在外部载荷作用下从衬套中缓缓穿过,钢制衬套与工件之间始终保持相对静止,从而避免挤压棒和孔壁直接接触,解决了孔壁损伤和孔口材料堆积的问题,挤压芯棒强行通过圆孔之后也成功实现了对孔的塑性扩张,如图 1-22 所示。

在相同挤压量的情况下,挤压棒会因为衬套的存在所受到的拉力会变小,图 1-23 为衬套挤压过程中孔内壁受力情况图,随着芯棒直径的增大,径向压力从接触点的零应力增大到使材料进入塑性,变形层内会发生不均匀的塑性变形。在芯棒被拉出时,即卸载时,塑性变形层在外部弹性层的制约下,材料内部各部分材料恢复程度会有所不同,从而在孔壁附近形成一层残余压应力,而远离孔壁的区域则为残余拉应力。

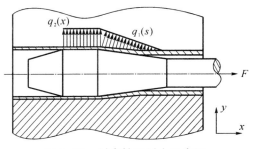

图 1-23　衬套挤压受力示意图

衬套挤压强化方法还分为无缝衬套挤压和开缝衬套挤压,无缝衬套挤压方法对衬套与孔之间配合精度的要求比较高。另外,无缝衬套挤压在挤压结束后,衬套会留在孔内,之后在疲劳交变载荷作用下会很容易松动,衬套和孔就会发生相互滑动的现象,孔内壁会被刮伤,从而削弱了孔的承载能力,进而衍生出开缝衬套挤压强化方法,如图 1-24 所示。

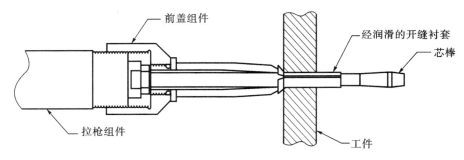

图 1-24　开缝衬套挤压强化

1.3.2 孔挤压强化工艺参数

图 1-25 为开缝衬套挤压强化工艺过程[54]，将孔内壁预先用干膜润滑，利用轴向上的开缝衬套并通过挤压棒的工作环套在导向段上，挤压芯棒工作段直径要略小于工件的初孔直径，并且将开缝衬套设置在与主要作用载荷轴线一致的方向上，然后把放置好衬套的挤压棒插进孔内，让挤压工具的前端顶住开缝衬套的翻边，设备开动之后，挤压棒工作环从开缝衬套中抽过，衬套径向胀大，孔径向挤压结束之后，衬套回弹变形后报废，最后把衬套从孔中取出，这样便完成了一次挤压过程。最后，将经挤压后的工件进行铰孔工作，切除凸台。

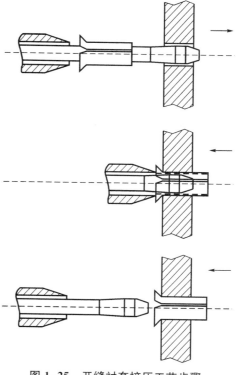

图 1-25　开缝衬套挤压工艺步骤

孔冷挤压的工艺参数决定了挤压过程，也决定了工件的强化效果，主要工艺参数包括挤压量、孔深径比、挤压芯棒几何结构、孔初始几何结构、挤压速度、支撑垫板、孔边缘裕度、孔间距等。

1. 挤压量

假设挤压芯棒工作段直径为 D_1，孔初始直径为 D_2，衬套厚度为 t，则对于直接芯棒挤压和球挤压工艺来讲，其绝对挤压量 E_1 为 D_1-D_2，相对挤压量 E_2 为 $\dfrac{D_1-D_2}{D_2}$；对于开缝衬套挤压工艺则分别为

$$E_1 = D_1 + 2t - D_2$$

$$E_2 = \frac{D_1 + 2t - D_2}{D_2}$$

挤压量是孔挤压技术关键参量。挤压量小，则引入残余压应力小，强化效果有限；挤压量大，则需要较大外力才能使芯棒或钢球挤过，工程上不易实现，而且过大挤压量还会造成高强度材料孔壁产生挤压微裂纹，损伤孔壁表面完整性，影响强化效果。合理的挤压量要根据连接孔实际增寿需求和具体结构，通过试验优化研究确定，其主要受孔材料、孔径、孔深、孔边缘裕度、孔间距等因素影响。铝合金和低碳钢的相对挤压量一般选择 4%～6%，钛合金和高强钢相对挤压量一般选择 2%～4%。

从已发表的文献来看，单层结构连接孔的挤压量优化研究有很多，关于多层异材叠

层结构连接孔挤压量优化研究鲜有报道,而实际飞机结构上多为异材叠层结构连接孔,因此,叠层结构连接孔的挤压量还需要关注。另外,Amrouche 等[51]认为挤压量对残余压应力区域大小和塑性变形区域大小有明显影响,而对残余压应力峰值没有影响;但王强等[55]研究结果显示挤压量对残余应力区域和峰值均有影响,且峰值随挤压量增大而增大,故挤压量对残余应力场的影响也需要进一步研究。

2. 孔深径比

孔深径比是指终孔直径与孔深度的比值。孔深径比越大,孔挤压强化实施难度越大。通常要求待挤压强化孔深径比不大于5。孔径和孔深两个参量还会独立地影响孔挤压工艺。例如,孔材料和孔深相同时,随孔径变化,其最佳挤压量也变化,并非一成不变;孔材料和孔径相同时,随孔深增大,其最佳挤压量需适当减小。孔深较小(即构件较薄)时,挤压会导致孔结构宏观弯曲变形,影响强化效果,所以在挤压薄壁或者孔深小于孔径的连接孔时,须在挤出端预置一个一定厚度的铝合金支撑垫板,以提高孔构件刚度。孔深还影响残余应力分布特征,Nigrelli 和 Pasta[56]使用 DEFORM-3D 软件模拟了不同孔深的开缝衬套冷挤压工艺,发现随着孔深度增加,沿厚度方向分布的周向残余应力分布趋于均匀。

3. 孔结构材料

孔挤压强化适用于铝合金、合金钢、钛合金和镍合金等多数金属材料,任何应变硬化材料在挤压处理后都能产生残余压应力场使疲劳寿命得到提高。据报道,在对应文献设计的连接孔试样和采用的疲劳载荷条件下,孔挤压强化可使 AA7B50-T7451 疲劳寿命提高 29 倍,AA7050-T7451 提高 5.5 倍[57],AA7050-T7751 提高 33 倍以上[58],而 300M 仅提高 2.7 倍[59],30CrMnSiNi2A 提高 2.79 倍[60],23Co14Ni12Cr3MoE 合金钢在 106 循环周次下的疲劳强度提高 26%[61],这表明韧性较好的材料通过挤压强化能获得更好的疲劳增益。从孔挤压抗疲劳强化机理研究结论可知,残余应力和微观结构均起强化作用,其中残余应力作用占主导地位。材料对挤压工艺的影响,实际上是材料弹性模量、硬化效果以及材料本身微观结构对挤压强化后的弹塑性变量和微观结构变化情况的影响。过去认为孔挤压不适合复合材料连接孔强化。但文献[51]指出,美国疲劳技术公司(Fatigue Technologys Incorporation,FTI)开发出了可用于复合材料连接孔强化的孔挤压技术,如图1-26所示,只是目前该技术处于高度保密状态,未查到进一步关于该技术的文献。随着复合材料在飞机上的应用比重越来越大,提高复合材料孔疲劳强度越来越重要,这亟须开展复合材料连接孔的强化技术、工艺、机理研究。另外,随着钛合金、铝锂合金等新型航空材料被大量使用,关于新型航空材料的孔挤压工艺和疲劳增益评价也需要被深入开展。

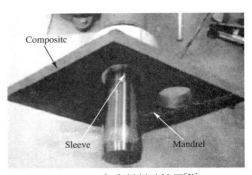

图1-26　复合材料孔挤压[51]

4. 挤压芯棒几何结构

挤压芯棒由前锥、工作段、后锥等结构组成,如图 1-27 所示。后锥、前锥角度设计很有讲究,后锥角度合适可提供最优拉拔力,而角度太小会产生楔子效应,造成芯棒在孔中卡死。挤压芯棒几何结构还会影响残余应力场分布特征,朱有利等[62]采用 ANSYS 有限元技术对直接芯棒挤压使用的芯棒前锥角曲线进行几何优化,发现前锥角曲线采用双曲线可获得分布更佳的残余压应力场。

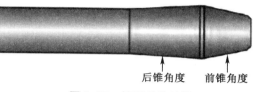

后锥角度 前锥角度

图 1-27　挤压芯棒结构

5. 孔初始几何结构

Jang 等[63]为改善挤入端残余应力场,尝试在挤入端预制倒角,并多次改变倒角尺寸和角度,发现倒角尺寸比角度对残余应力影响显著,随着倒角尺寸增大,挤入端残余压应力会明显增大,并认为这是因为倒角面具有"约束"作用,增大了挤入端冷作硬化程度的缘故,进一步的疲劳试验对比也证实预制倒角后挤压强化可获得更好的疲劳增益。侯帅等[64]研究也发现,在挤入端和挤出端预制 45°倒角后芯棒直接挤压可获得分布更佳的残余应力场,但挤入端预制倒角尺寸不能太大,应以倒角外圆直径小于芯棒工作段直径为佳,相反挤出端倒角外圆直径应以大于芯棒工作段直径为好。以上研究表明,初孔几何结构会影响孔挤压残余应力场特征,初孔在预制倒角后进行孔挤压,可获得更好的疲劳增益。但是,对预制倒角的尺寸、角度等参数有很细致的要求。

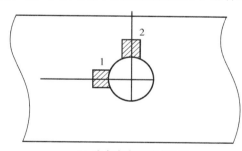

(a) 残余应力测试点位置

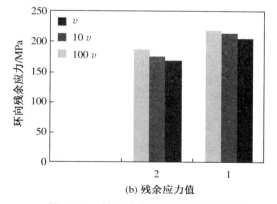

(b) 残余应力值

图 1-28　挤压速度对残余应力的影响

6. 挤压速度

挤压速度 v 指挤压芯棒挤过连接孔的速度。Farhangdoost[65]采用 ABAQUS 有限元分析技术,在确定某一挤压速度 v 后,开展以不同挤压速度(如 v,$10v$,$100v$)完成孔挤压强化处理的挤压工艺数值计算,并提取了 1 和 2 两个不同区域的残余应力数值,以研究挤压速度对 AA2A12 铝合金孔残余应力场的影响,结果表明随着挤压速度提高,挤入端周向残余压应力区域和峰值增大,如图 1-28 所示,显然这对提高疲劳强度非常有利。另外,从工程角度来看,当衬套被挤压强化时,挤压速度慢会造成衬套褶皱、卡棒、断棒,导致挤压失败;芯棒直接被挤压时,挤压速度慢会造成挤出端材料堆积和孔壁材料回弹量增大。由此可见,挤压速度对孔挤压实施、强化效果均有影响,原则上讲,挤压速度以快为好。

7. 孔间距

孔间距 L 指相邻两孔圆心之间的距离。Papanikos 等[66]发现随着孔间距增大,两孔间区域的孔挤压周向的残余应力会逐渐减小。Kim 等[67]对两个相邻孔同时进行挤压,发现当孔间距小于 $4D$ 时,两孔间残余应力会急剧增大,而当孔间距大于 $4D$ 后,孔基本对残余应力场没有影响,如图1-29所示;Kim 等还发现对相邻孔采取顺序挤压,孔间距会造成先挤压孔周边残余压应力减小。可见,孔间距对残余应力有不可忽视的影响。遗憾的是,图1-29孔间距对周向应力的影响[67]已发表文献主要基于数值计算方法,而非试验方法研究阵列孔挤压工艺,而在飞机实际的结构中存在大量阵列孔,对于阵列孔的孔挤压工艺、裂纹萌生和扩展规律以及强化、断裂机理需进一步研究。

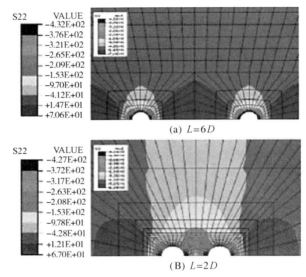

(a) $L=6D$

(B) $L=2D$

图 1-29　孔间距对周向应力的影响[67]

1.4　螺纹滚压强化

滚压强化技术自面世以来,国内外学者研究发展了传统滚压、振动滚压、冷深滚(Cold Deep Rolling,CDR)、低塑性滚光、超声深滚和高温深滚(High Temperature Deep Rolling,HTDR)等不同滚压设备和技术,其工作原理、强化效果、应用领域均有不同之处。20世纪50年代初,我国开始发展滚压强化技术,国内许多高校与研究机构先后开展了相关的研究工作,重点集中在滚压强化层性能、微观组织结构、滚压强化机理及工艺等方面,并进行了探索性的研究工作,使我国滚压强化技术的基础研究工作与国际基本同步。然而,由于受到在滚压强化新设备研发方面投入少、企业应用开发能力弱等方面的影响,我国在这两方面的研究明显落后于国外,例如:对复杂曲面和结构进行滚压强化缺少研究与开发,没能形成技术体系,也缺少后续技术研发;在应用领域上,国外滚压强化技术已在维修领域进行了较广泛的应用研究,如采用滚压强化技术对堆焊、喷涂、刷镀等修复的零件进行强化,尤其适用于通过堆焊技术修复的关键零部件,如车辆、船舶、飞机的曲轴,工程机械液压缸活塞柱体等零部件堆焊修复后均可采用滚压强化技术进行强化,具有成本低、效率高、效果好的优势,而我国在该领域的应用研究则非常有限。

1.4.1 螺纹滚压强化工艺特点

滚压表面强化技术是一种无切削的加工方法。在滚压过程中,通过驱动特制的滚压工具(通常为淬火钢、硬质合金以及红宝石等高硬度材料制成的滚柱、滚珠或滚轮等形状的工具)在零件表面往复滚压,其强化过程如图 1-30 所示[68,69]。滚压零件变形区可分为压入区域、塑性变形区和弹性恢复区等部分,A 为压入区域,表层金属材料产生塑性流动,填入到低凹的波谷中;B 为塑性变形区域,当接触压力超过材料的屈服极限时,工件被滚压工具滚压发生塑性变形;C 为弹性恢复区域,当滚压工具逐渐离开被加工表面时,零件表面发生弹性恢复。表面滚压强化可将机械加工表面不规则的波峰金属挤进波谷,降低了表面粗糙度;同时,由于在金属表面产生塑性变形,使表层晶粒组织细化,硬度提高,并形成了残余压应力,从而使零件的耐蚀性、耐磨性、配合性和抗疲劳性能得到明显改善。

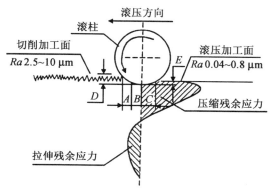

A—压入区域;B—塑性变形区域;C—弹性恢复区域;
D—压下量;E—弹性恢复量。

图 1-30 表面滚压过程

滚压强化是利用金属在常温状态下的冷塑性特点,通过滚压工具对构件表面施加一定的压力,促使构件表层金属发生弹塑性变形,使表层组织冷作硬化,改变表层微观结构,引入残余压应力,降低表面粗糙度,达到改善构件的抗 HCF、抗 SCC、耐腐蚀、耐磨损等性能。滚压工艺可在数控或普通机床上完成,无污染、成本低、效率高、效果好、兼容性好,非常满足航空领域对提高构件相应性能的需求[70]。滚压工艺可以显著降低合金钢、铝合金、铜合金等金属的表面粗糙度,使钢的表面粗糙度降低到 $0.04 \sim 0.32~\mu m$,使铝合金的表面粗糙度降低到 $0.1 \sim 0.8~\mu m$,可部分替代传统的磨削和抛光加工工艺。另外,合金钢表面滚压强化处理后,表层硬度显著提高,其硬化层厚度为 $0.1 \sim 0.8~mm$,高于喷丸处理的 $0.05 \sim 0.22~mm$。同时,由于该技术具有工艺简单、节能环保、效率高等优点,其在国内外都得到了广泛的应用[71]。

螺纹滚压的主要优势有[72]:

(1) 螺纹滚压法可以高效率利用材料,实现无屑加工。磨削外圆的棒料经过滚压模滚压产生塑性变形,金属晶粒产生塑性位移,金属纤维呈现连续性状,沿着螺纹牙型发生了变形,大大节约成本。通过滚压不仅增强螺纹的疲劳强度,而且还提高了螺纹根部 R 角的静载荷强度。

（2）螺纹滚压不仅可以综合提高螺栓的机械性能，还有助于螺纹根部产生冷作硬化，并存在压应力，在螺纹齿面的不同部位显微硬度有所提高，使得螺纹齿面抗磨损的能力有所提高。

（3）螺纹滚压工艺效率高，滚压螺栓容易实现自动化，生产效率高，加工节拍只需几秒或十几秒就可以完成工艺要求。尤其内燃机采用优质螺纹滚压，其加工效率远高于其他设备加工方式。特别适合大批量加工，让企业提高经济效益。

（4）滚压后螺纹表层表面光洁度与车削、铣削相比，有了更显著的提高。滚压螺纹时，滚压工具和坯件金属间不间断产生相对滑动，加上螺纹被加工表面与滚压工具的不同点多次接触，这样产生的表层辗平作用。据资料介绍用表面磨光的滚压模比未经磨光所获得光洁度会有所提高。滚压内燃机车用优质螺栓比车削加工螺纹表面粗糙度至少降低 $2.4~\mu m$。这样可很好地控制螺纹的精度，效果远胜于其他机加工方式。

（5）螺纹滚压的尺寸分散小。采用滚压方式螺纹精度与切削方法相比，尺寸分散的范围约为螺纹标注公差等级 1/2，尺寸的稳定性好。

1.4.2 螺纹滚压强化工艺参数

在实际生产过程中，需要特别关注螺纹重要的滚压参数。例如，螺纹滚压前坯件直径尺寸公差，滚压压力和滚压时间。只有合理设定螺纹滚压参数，才能确保螺纹质量的稳定性，延长滚压工具以及设备的使用寿命，从而满足螺栓高精度和强度要求[72]。

1. 螺纹滚压力

滚压压力是形成螺纹过程中产生塑性变形的关键因素和重要滚压参数，是施加在磨削棒料外圆最终形成规定螺纹牙型的压力。合理选取压力是滚压工艺中关键步骤，它既能优化时间和充分保证螺纹产品质量，而且还能有效控制滚压设备在额定范围内和提高滚压模的使用期限。螺纹滚压模滚压压力过大会损伤或磨损，更有甚者会造成工具崩齿、倒牙。若滚压压力太大，在滚压过程中棒料有时会产生严重发热现象，这可能导致滚压模受热后的疲劳损坏，零件螺纹牙型受力过大，内部组织结构被破坏，重者会造成牙型破损。若滚压压力太小，会影响螺纹尺寸误差精度，滚压螺纹的牙型会不够饱满。显而易见，螺纹的滚压压力是关键因素。

螺纹滚压在整个滚压过程中情况复杂，且连续局部受力，准确求解比较困难。其受力分析图如图 1-31 所示。从

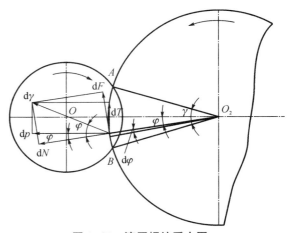

图 1-31 滚压螺纹受力图

不同资料文件中可以找到不同的滚压压力的公式,其中以下经验计算公式主要是针对机车高强度螺栓。

滚压力可由式(1-4)计算[73]:

$$p_0 = 58.86\, L_0\, P^{1.2}\, (HRC)^{0.7}\, d^{0.3} \tag{1-4}$$

螺纹滚压在实际生产过程中,一般先根据经验公式初步计算滚压压力。再通过试验调整,筛选合适的滚压压力及其时间参数。在整个滚压过程中滚压轮承受复杂的力,有时特别是长时间滚压会恶化螺纹表面粗糙度[74]。

2. 螺纹滚压时间

分析滚压时间必须从螺纹滚压滚丝机工作原理和基本过程开始。螺纹滚压时间过程分配可以划分为以下四部分:①滚压模动轮快速进给至螺栓光杆外圆;②滚压模动轮的径向进给,采用适当低的径向进给速度压入螺栓光杆外圆,逐步滚压至螺纹成型;③滚压模滚压设定进给位置,确保螺纹中径,大径到达合格范围内,此时滚丝模径向不再进给,在固定位置维持短暂时间内对螺纹表面光整,有利于提高成型牙型的光洁度和精度;④滚压精整停止后,滚丝模会快进返回起始点。

所以,滚压总时间 T 由 3 部分构成,表达式(1-5)如下[75]:

$$T = T_B + T_K + T_N \tag{1-5}$$

$$T_B = \frac{h \cdot d_0}{S \cdot n \cdot D}$$

$$T_B + T_K = \frac{h \cdot d_0}{S \cdot n \cdot D} \cdot K$$

式中　T_B ——滚压螺纹至成型时间,s;

　　　T_K ——滚压精整时间,s;

　　　T_N ——滚压模快进和快退的时间,s。

精整阶段时间对螺纹成型有着重要作用,因为精整在很短的时间内,不仅修正螺纹牙型面,使之更加圆滑,而且能够改善表面粗糙度的质量,有效提高了螺纹配合精度。由于精整阶段滚压模是轴向没有进给量,只是增加了金属表面塑性变形的时间,可以获得更好精度的螺纹及其表面光洁度。在下面的经验公式中,也充分表明精整时间是与棒料磨削直径、螺纹的精度、螺纹齿高、转速、滚压模直径以及机械性能等有着密切关系。

1.5　冷挤压与压印强化

在飞机结构中,大量的结构件通过紧固孔连接在一起,这些紧固孔成为主要的受力部位。由于孔引起的应力集中,紧固孔将承受过大的循环拉应力而导致疲劳破损。同时,钻孔的机械作用使得孔表面附近区域产生了塑性变形,而且钻头离开时在孔表面生成了刀痕和鳞刺等,它们在加载时能够产生应力集中。甚至很小的表面缺陷也能够增大应力,增加裂纹产生的概率,加快疲劳裂纹扩展的速率。数据显示,发生在孔边破坏的事故占整个机体疲劳破坏事故的90%,这已成为航空飞行器结构件失效中最主要的根源之一。所以关于航空紧固孔抗疲劳制造技术的开发至关重要。

目前,行业内关于紧固孔的制造一般采用冷挤压及压印的强化技术。冷挤压是在室温下,利用比被挤压材料硬度高的挤压工具,对孔壁表面施加压力。其强化机理是使被挤压部位的表面层金属发生塑性变形,引入残余压应力层,同时使强化层内组织晶粒细化,达到强化目的。然而冷挤压孔孔口的残余应力分布不对称,且导致疲劳寿命的分散性增大。简单的冷挤压技术不能大幅度提高紧固孔的疲劳寿命。

而圆角压印是利用带一定圆角弧度的压头在紧固孔的两端压制出凹槽。其强化机理是在孔周引入残余压应力,且改变应力流向,削弱孔边的应力集中程度,迟滞裂纹传播速率,从而提高紧固孔的抗疲劳性能。然而压印技术仅仅是在材料表面提供获得预先的压应力,也不能大幅度提高紧固孔的疲劳寿命[76]。

压印强化的主要工艺参数包括挤压力、压印模具的内径与外径尺寸等。压印强化必须通过工艺装备对模具进行均匀施力,压印出深度均匀的痕迹。

1.6　超声冲击处理

1.6.1　超声冲击强化工艺特点

根据我国标准《金属材料　残余应力　超声冲击处理法》(GB/T 33163—2016)[77],超声冲击处理(Ultrasonic Impact Treatment,UIT)是一种以针式冲击来消除残余应力的方法,它是以超声发生器为激励源,通过压电陶瓷或磁致伸缩方式将超声频电源转换成超声频振动,振动由冲击针传递到金属表面,在金属表面及次表面产生塑性变形,并细化晶粒,达到消除残余应力的目的。超声冲击处理适用于各种工程构件消除应力的需求,特别适合结构复杂的钢结构、铝合金结构以及由异种焊接挠头或其他金属材料制成的结构件。

如前节所述,超声冲击处理是在喷丸技术基础上发展起来的,是一种极具应用前景的金属表面强化技术。它主要用于提升焊接接头使用性能,其稳定性已经得到业界公认,其提升效果尤其体现在疲劳强度方面。这种处理技术最早由苏联在20世纪70年代初研发。之后的数十年间,在焊接结构的疲劳和制造领域,该技术引起了众多专家和学者的极大兴趣。自20世纪90年代以来,俄罗斯、德国、法国、美国等国快速发展了关于大功率超声技术的研究,使超声冲击处理技术得到了飞速发展,其技术和设备不断得到升级。多种多样的冲击处理设备相继被研发出来,其中有超声冲击(UIT)、超声喷丸处理(UPT)、高频冲击处理(HiFIT)、气动冲击处理(PIT)和超声针击喷丸处理(UNP)等[68]。部分设备如图 1-32 所示。这些设备名称虽然各不相同,但是其工作原理都与超声冲击处理相同,因而可以统称为超声冲击类处理技术。

(a) 超声冲击处理(UIT)

(b) 超声喷丸(UPT)

(c) 高频冲击处理(HiFIT)

(d) 气动冲击处理(PIT)

图 1-32　国际上现有的超声冲击类技术设备[79]

超声冲击处理技术和设备的高速发展,来自该类技术本身的一系列优异特性[78-83]:

(1) 处理性能优异,处理效果稳定。测试结果显示,超声冲击处理强化焊接接头,不仅可以去除处理部位的拉伸残余应力,还可以引入数值可观的残余压缩应力,因而极大地提升了疲劳强度。图 1-33、图 1-34 显示不同焊后方法处理后的焊缝几何外形。图 1-35 显示了不同工艺方法提高焊接结构疲劳强度效果的对比。通过比较,可以看出超声冲击(喷丸)明显优于其他传统焊后处理技术。

(2) 设备小,功率高,使用方便,处理参数易于控制,经济可行且安全性好。如图 1-32 所示,超声波强化设备结构相对简单紧凑,通常设备的执行机构只有几公斤,整机重量也不大,与现有其他处理技术比较,工作效率高,节能性好,处理速度快。

(a) 原焊状态

(b) 毛刺研磨

(c) 自动焊接

(d) 超声冲击

图 1-33　不同焊后方法处理后的焊缝几何外形

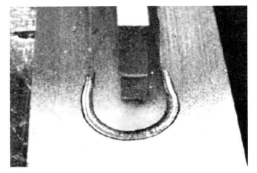

图 1-34　原焊状态(AW)和超声冲击处理(UIT)后的焊趾外形对比[85]

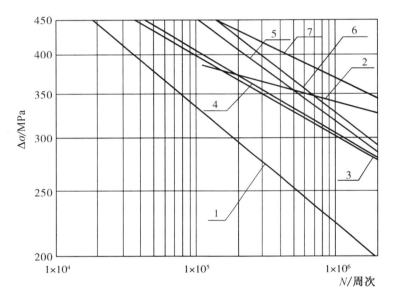

1—未处理；2—UIT 处理(3 mm 和 5 mm 冲击头)；3—锤击；4—喷丸；5—TIG 熔修；
6—TIG 熔修＋UIT 处理(5 mm 冲击头)；7—UIT 处理(3 mm 冲击头)。

图 1-35　Weldox 420 钢焊接接头在各种处理方法下的疲劳曲线[85]

（3）处理应用范围广泛，不受应用场所、材料及焊接结构形状限制，还可以根据处理需求定制不同的针头形式。例如，对桥梁、化工和石油设备、压力容器、巨型船体、重型机械、核容器及航天器、地面移动装备及其他在易疲劳环境中工作的设备均适用；可以处理焊接材料，如钢、铁、铝、镁、钛等金属和合金[86,87]；不但可以用于平板对接接头和纵向角焊缝的处理，而且可以方便地处理其他方法很难处理的接头形式。图 1-36 显示了处理狭小空间时的直角度冲击枪和斜角度冲击枪。图 1-37 显示了用于超声冲击处理的不同冲击头外形。经过特殊设计的冲击设备可以满足不同处理部位的需求，保证设计所需的处理效果。

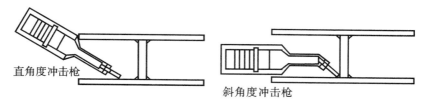

直角度冲击枪

斜角度冲击枪

图 1-36 处理狭小空间时直角度冲击枪和斜角度冲击枪[87]

图 1-37 用于超声冲击处理的不同冲击头外形[88]

由于焊后处理仅能作用在焊缝的表面,所以超声冲击处理只适用焊趾部位失效的结构。如图 1-38 所示,对于倾向于焊趾部位发生疲劳失效的结构,采用超声冲击处理的提升效益是十分显著的。然而,对于图 1-39 所示容易发生焊根失效的结构形式,仅对焊趾处理的疲劳强度提升效果是有限的。因此需要合理设计待焊后处理的结构,采用穿透型焊缝形式或较大的焊缝尺寸,以避免焊根和其他部位的低疲劳强度。

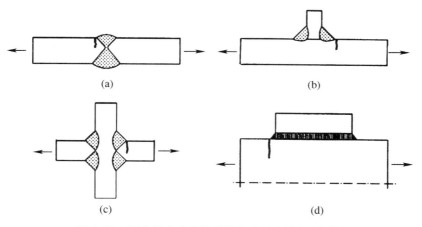

(a)

(b)

(c)

(d)

图 1-38 适合超声冲击处理的接头形式(焊趾失效)

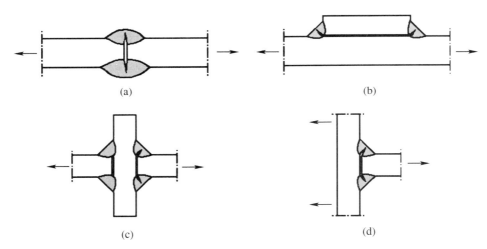

图 1-39　限制超声冲击处理后的提高效果:可能的焊根失效

1.6.2　超声冲击强化工艺参数

1. 超声冲击处理设备参数

(1) 超声冲击电源。超声冲击电源是冲击装置主要组成部分之一[88]。为执行机构提供超声频而且具有足够功率的交流电源,并且有控制输出电流与频率的能力。当执行机构的声学系统在工作过程中谐振频发生时,电源改变其输出电流频率,使之始终与声学系统的谐振基频相一致。

为保证超声冲击处理质量,超声发生器应具备频率跟踪(即发生器输出电流的频率始终与超声换能器的谐振频率一致)和恒振幅输出功能。超声冲击枪输出振幅 a 维持在 $10\sim50~\mu m$[67]。

(2) 超声冲击执行机构。超声冲击执行机构也称为超声冲击枪。一般采用手持式超声冲击枪进行手动处理,或将超声冲击枪安置于自动机构上实现自动处理,如图 1-40 所示。

冲击针尺寸主要为冲击针直径 d 和冲击针长度 l,如图 1-41 所示。冲击针直径 d 一般为 $3\sim6~mm$。一般来说,直径越小,焊趾部位被冲击处理到的可能性越大,最终焊趾会消失。直径如果过大(大于 6 mm),冲击针头通常不会作用在焊趾部位,而是作用在焊趾一侧的金属材料上。冲击针长度 l 不宜过长,一般不超过直径 d 的 10 倍,否则在冲击时容易折断。

冲击针末端形状会影响冲击处理后表面的质量。冲击针末端按半径 r 可分为半圆形末端和大圆弧末端两种,如图 1-41 所示。半圆形末端的冲击针,$2r=d$;大圆弧末端的冲击针,$2r>d$。半圆形末瑞冲击针用于处理焊趾、尖锐过渡处和平面;大圆弧末端冲击针主要用于平面处理。

（a）手动式

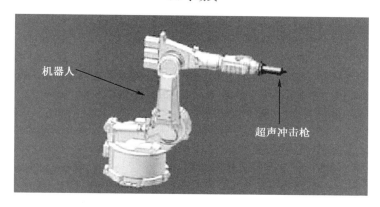

（b）自动式

图 1-40　超声冲击处理方式[87]

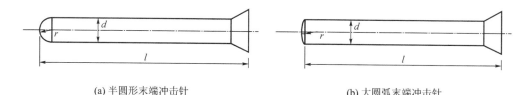

(a) 半圆形末端冲击针　　　　(b) 大圆弧末端冲击针

图 1-41　两种末端形状的冲击针

冲击针所用材料要求硬度高、冲击韧性好，常用材料为 W18Cr4V。冲击针最常用的 3 种排列方式如图 1-42 所示，可以根据不同的处理要求选择合适的冲击头：冲击焊趾或

(a) 单根冲击针　　　　(b) 单排多根冲击针　　　　(c) 冲击针阵列

图 1-42　冲击针的排列方式[87]

金属母材尖锐过渡处时,采用单根冲击针或单排多根冲击针;处理拐角处或补充处理时使用单根冲击针;对焊缝或金属平面全覆盖冲击处理时,应采用冲击针阵列。

2. 超声冲击处理操作过程

1)冲击处理前的准备

由于超声冲击处理主要是为了提升结构的疲劳强度,所以在安排待处理焊缝时,需要从疲劳强度的角度,确定所有倾向于疲劳破坏的临界区域。因为从疲劳角度讲,结构的疲劳临界位置是有限的,因此可以通过此方法避免处理额外的非临界疲劳区域,以降低处理成本。

在实施超声冲击处理之前,待处理表面应保持一定程度的清洁。如果表面有油污、脏物或锈,应清理干净。可以采用打磨或用钢丝刷的方式去掉焊缝表面氧化物和飞溅残留物等杂质。如果待处理表面凹凸不平,则需对表面进行轻微打磨以改善其形状,形成一个能使超声冲击枪平稳移动的通道。

2)冲击处理过程

一般情况下,超声冲击处理应按照以下步骤实施(以处理焊趾为例)。

(1)将冲击针对准焊趾,保证焊缝一侧和母材一侧被冲击覆盖的宽度大致相同,冲击枪的轴线与焊缝纵向基本垂直(偏差不超过 10°)。冲击枪倾斜的角度取决于焊趾的情况,大多情况下,冲击枪与母材表面的角度在 40°~80°。冲击针在焊趾上沿焊缝纵向一定范围内反复来回冲击,如图 1-43 所示。

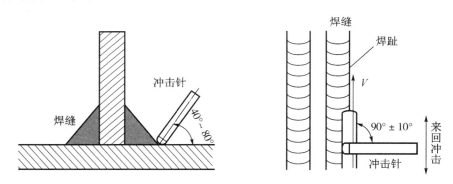

图 1-43 超声冲击处理的基本方法[87]

(2)可在冲击枪上施加一定的压力,以保证冲击过程平稳。如果冲击枪的自重已能保证冲击过程平稳、不跳动,则操作者无须再施加压力,只需要持稳冲击枪即可。

(3)冲击处理速度 v 应保持在 50~300 mm/min。对于高强钢、钛合金等高强度材料,冲击处理速度尽量靠近下限。

为了提高结构的抗疲劳性能,一般只针对焊趾采用超声冲击处理;如为了提高结构的抗应力腐蚀性能,需要针对焊接接头或指定区域采用超声冲击全覆盖处理[87]。

3. 超声冲击处理工艺设计及质量控制

为建立合理的超声冲击处理工艺,应选择有代表性的金属结构件(或典型焊接接头)进行反复试验,挑选出该种结构最佳的处理工艺。不同金属材料的常用工艺参数可参考表 1-5。超声冲击处理后合格的焊趾形状如图 1-44 所示,焊缝一侧的凹槽宽度 t_1 应与母材一侧的凹槽宽度 t_2 大致相等。超声冲击处理后不合格和合格的焊趾外观如图 1-45、图 1-46 所示。

表 1-5   超声冲击处理常用工艺参数[87]

材料	振幅 $a/\mu m$	冲击针直径 d/mm
铝合金、镁合金	10～30	3～6
中、低强度钢	20～40	3～5
高强度钢	30～50	3～4
钛合金	30～50	3～4

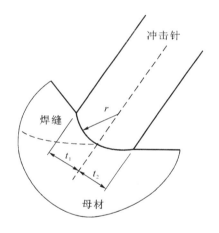

图 1-44   超声冲击处理后的焊趾截面几何
要求[87]:一般情况下深度
0.2～0.6 mm,宽度 2～5 mm

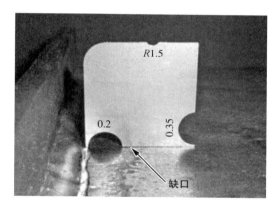

图 1-45   处理后的深度检查:图中所示间距
表明处理深度尚未达到 0.2 mm[89]

具体材料、结构的超声冲击处理工艺参数还包括处理遍数、处理速度、冲击针末端形状、施加压力等。各工艺参数之间是相互影响的。要达到某个具体的处理效果,工艺参数可有许多种不同的排列组合。其中,振幅 a、冲击针直径 d 是最主要的。在振幅 a、冲击针直径 d 确定的情况下,其他工艺参数的范围也大致确定。因此表 1-5 中只列出振幅 a 和冲击针直径 d。振幅 a 和冲击针直径 d 由用户根据处理参数确定。如果对处理表面有光洁度要求,则振幅 a 应偏小,冲击针直径 d 偏大;如果要求塑性变形层尽量大,则振幅 a 应偏大。

（a）不合格：有独立压痕，覆盖率不够

（b）不合格：过处理，造成表面损伤

（c）合格：充分覆盖，凹槽连续光滑

图 1-46　超声冲击处理焊趾外观效果[87]

　　要建立具体的工艺参数，可参考以下原则并通过试验来确定：所处理材料的屈服强度越高，则振幅加大、冲击针直径减小、处理遍数增多、处理速度减慢、冲击针末端半径减小、施加压力加大。一般只需要变化几种工艺参数即可适应不同材料的处理要求。

　　冲击处理形成的凹槽应该是连续不间断的。对于不能连续处理的焊缝，如长焊缝和焊缝转角处，建议再次处理时从上次中断位置后退至少 10 mm 处重新开始。经过长时间使用后，冲击针末端会因磨损而变钝，此时需要更换冲击针或将冲击针末端重新打磨成原始形状。

　　如果超声冲击处理参数设置不合理，例如冲击角度过大或冲击头尺寸过大，超声冲击时发生塑性变形的金属如果叠加在原始表面上，会留下类似冷裂纹形状的缝隙，如图 1-47—图 1-49 所示，这种缝隙称为叠型缺陷。叠型缺陷会导致疲劳性能降低，因此要避免叠型缺陷的产生。冲击处理前轻微打磨焊趾能较大程度避免叠型缺陷的产生。冲击处理后，可以采用渗透探伤方法来检测是否存在叠型缺陷，再次轻微打磨焊趾可消除叠型缺陷。

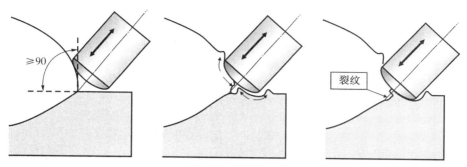

图 1-47　冲击角度过大或冲击头尺寸过大,可能导致处理后出现裂纹状缺陷[88]

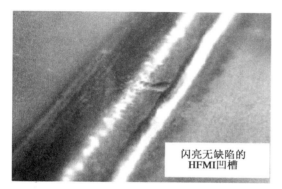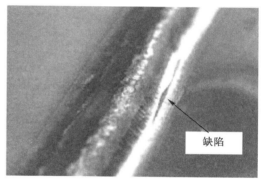

图 1-48　正确的超声冲击处理外形(左)和不正确的超声冲击处理引入缺陷(右)[88]

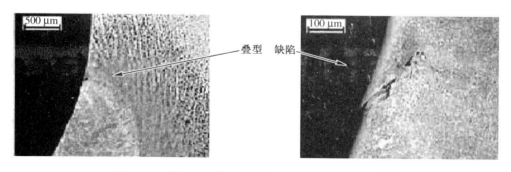

图 1-49　超声冲击处理后产生的叠型缺陷微观照片[87]

　　类似于焊接工艺规程,超声冲击处理的试验报告也需要对每个待处理的焊缝提供细致的处理工艺规程。图 1-50 为一超声冲击处理(超声喷丸)的工艺规程模板[88]。超声冲击处理的试验报告应包括以下内容:①超声冲击处理相关的标准编号;②待处理构件名称和描述;③超声冲击处理设备;④超声冲击处理参数;⑤定性或定量评价结果;⑥评价结论。

超声波喷丸程序规范			
焊接规范		焊接接头规范	
母材		类型	
厚度		位置	
填充材料		类别	
消耗品		UPPS-编号	
焊接专业编号		参考	
设备		日期	
品牌和型号		焊接接头照片	
功率/kW			
尖端直径/mm			
质量/kg			
冲击频率			
冲击振幅			
超声频率			
处理日期			
位置			
工作角侧			
工作角前			
速度			
道次			
处理长度			
处理时间			
工具变化			
原因			
操作员			
姓名			
经验			
处理长度		评价	
处理日期			
检查			
视觉的			
照片			
测量			
设备			
结果			
焊趾半径			
焊接角度			
沟痕深度			
沟痕宽度			
批准			
	承包商	客户	调查人
姓名			
日期			
负责人			
签字			

图 1-50 超声冲击处理的工艺规程模板(超声喷丸):针对每个待处理的焊缝,包括质量控制要求

1.7 低塑性抛光

低塑性抛光技术（Low Plasticity Burnishing，LPB）作为一项新兴的表面改性技术诞生于 1996 年，期间获得了 NASA 的资助，并于 2004 年首次实现商业化[89]。低塑性抛光技术主要是利用抛光硬球滚压零件表面，使其表层发生弹塑性变形的同时并使表面光整，其与传统深滚压技术相比，可通过最小限度的冷作硬化产生更稳定、更深层的残余压应力，与此同时，降低的位错密度和位错排布大大提高了受压层的热稳定性和机械稳定性。低塑性抛光可以有效提高材料及构件的高周疲劳性能、腐蚀疲劳性能、微动疲劳性能以及抗外物损伤能力等。

1.7.1 低塑性抛光工艺特点

低塑性抛光技术的原理及实物如图 1-51 所示，一个可自由旋转的光滑硬球在法向力的作用下沿某一方向进行滚压，使材料表面发生拉伸变形，从而形成一个残余压应力层。其中，光滑硬球由一个球形液体浮动座支承，在液压力的作用下二者互不接触，硬球仅与工件表面发生固体接触，同时喷射出的液体降低了硬球与工件之间的摩擦。与传统的抛光技术相比，该方法可以显著减少材料表面的形变及损伤[90, 91]。此外，低塑性抛光设备可方便地与常规多轴数控机床相结合并完成所有操作，通过闭环控制系统实现对法向力、滚压路径等的实时控制，极大地满足了精度与经济的需求。

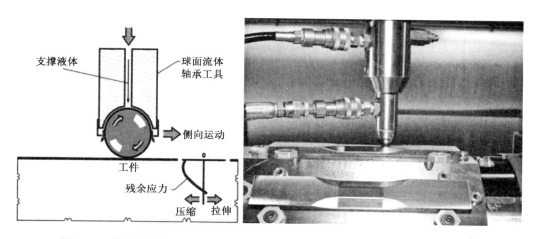

图 1-51　低塑性抛光原理（左图），四轴数控铣床进行的低塑性抛光加工（右图）[90]

1.7.2 低塑性抛光工艺参数

对于不同材料、不同强化目的应选择合适的工艺参数，低塑性抛光的主要工艺参数包括抛光压力、进给率、抛光速度、硬球直径以及滚压次数等，各个参数的具体设定以及不同参数间的协调配合将会对强化效果产生重要影响[92]。

以低塑性抛光参数对 TA2 钛合金残余应力场的影响为例[93]，如图 1-52 所示，增加抛光压力可以增大残余压应力[图 1-52(a)]；进给率则与残余压应力之间存在某一最优值，当进给率达到 0.2 mm 时，残余压应力达到最大值[图 1-52(b)]，此时硬球能更好地将凸起的材料推向凹陷处；抛光速度与残余压应力之间的关系则相对比较复杂[图 1-52(c)]，就总体趋势而言，较低抛光速度下残余压应力更大；随着滚压次数的增加，材料表面的弹性以及弹塑性变形更多的转变为塑性变形，相应地细化了材料表层晶粒，使得残余压应力变大[图 1-52(d)]。因此，针对特定材料合理地调控抛光参数，以便获得最优残余压应力场。

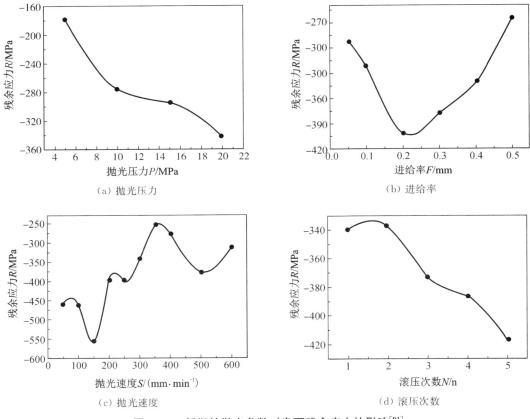

（a）抛光压力

（b）进给率

（c）抛光速度

（d）滚压次数

图 1-52　低塑性抛光参数对表面残余应力的影响[93]

P.R.Prabhu 等人[94]利用方差分析法研究了 AISI 4140 钢低塑性抛光过程中不同参数对表面粗糙度的影响，结果表明影响最显著的因素依次是硬球直径、抛光压力、初始表面粗糙度、进给率。具体而言，增加硬球直径、抛光压力和进给率，或者降低初始粗糙度都可以有效改善抛光后的表面粗糙度。此外，并不是滚压次数越多，则效果越好，如图 1-53 所示，对于 TC4 钛合金而言，第 5 次滚压抛光后材料表面达到较佳状态，第 7 次滚压抛光达到了最佳状态，而第 9 次滚压抛光则产生了损伤，不但粗糙度值与较佳状态相比有所增加而且表面局部位置也产生了折叠[95]，因此在实际的低塑性抛光过程中不能盲目追求高滚压次数,而应该根据实际情况合理确定抛光参数。

（a）机械加工试样　（b）滚压次数为 5　（c）滚压次数为 7　（d）滚压次数为 9[95]

图 1-53　机械加工试样和低塑性抛光不同次数试样表面形貌的 SEM 像

Seemikeri C Y 等人[96]研究了低塑性抛光过程中各个参数对 AISI 1045 钢显微硬度的单独及交叉影响,结果如图 1-54 所示,图中 A 代表抛光速度、B 代表抛光压力、C 代表硬球直径、D 代表滚压次数。对显微硬度影响最大的单一参数是抛光速度,其余依次是抛光压力、硬球直径、滚压次数。若要使表面硬度最大化,则上述 4 个参数都应设置在较低

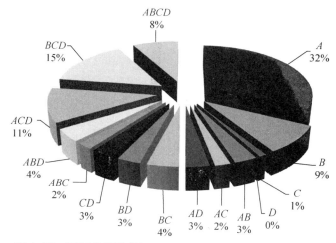

图 1-54　不同参数及其相互作用对表层硬度的影响占比[96]

水平。Seemikeri C Y 等人[97]还对 AISI 316L 钢进行了类似研究,此时硬球直径对 AISI 316L 钢的显微硬度影响最大,其他影响因素依次是抛光速度,抛光压力、滚压次数。

因此,就低塑性抛光而言,其工艺参数的内在联系及交叉影响较其他强化工艺更为复杂,为获得良好的表面改性效果,必须审慎地选择并搭配合适的工艺参数。

参 考 文 献

[1] 高玉魁.不同表面改性强化处理对 TC4 钛合金表面完整性及疲劳性能的影响[J].金属学报,2016,52(8):915-922.

[2] 谢宏琳.晶粒尺寸对奥氏体不锈钢抗氢性能影响研究[D].徐州:中国矿业大学,2021.

[3] 高玉魁.TC18 超高强度钛合金喷丸残余压应力场的研究[J].稀有金属材料与工程,2004,33(11):1209-1212.

[4] 高玉魁.喷丸强化对 TC21 高强度钛合金疲劳性能的影响[J].金属热处理,2010,35(8):30-32.

[5] 宋颖刚,高玉魁,陆峰,等.TC21 钛合金喷丸强化层微观组织结构及性能变化[J].航空材料学报,2010,30(2):40-44.

[6] 王森,吕滨江,郭峰.表面处理对镁合金摩擦磨损性能影响的研究进展[J].轻合金加工技术,2021,49(12):6-13.

[7] 高玉魁,仲政,雷力明.激光冲击强化和喷丸强化对 FGH97 高温合金疲劳性能的影响[J].稀有金属材料与工程,2016,45(5):1230-1234.

[8] 王屹桢.水射流喷丸强化 3D 打印钛合金材料表面关键技术研究[D].淄博:山东理工大学,2021.

[9] Kumar H,Singh S,Kumar P. Modified shot peening processes-a review[J]. International Journal of Engineering Sciences & Emerging Technologies,2013,5(1):12-19.

[10] Gujba A,Medraj M. Laser Peening Process and Its Impact on Materials Properties in Comparison with Shot Peening and Ultrasonic Impact Peening[J]. Materials,2014,7(12):7925-7974.

[11] 高玉魁.残余应力基础理论及应用[M].上海:上海科学技术出版社,2019.

[12] 孙建春,盛光敏,王越田,等.高能喷丸法实现工业纯铁表面自纳米化[J].金属热处理,2010,35(5):38-41.

[13] 栾伟玲,涂善东.喷丸表面改性技术的研究进展[J].中国机械工程,2005(15):92-96.

[14] 吉春和,张新民.高压水射流喷丸技术及发展[J].热加工工艺,2007,36(24):86-89.

[15] 董星,段雄.高压水射流喷丸强化技术[J].表面技术,2005,34(1):48-49.

[16] 阴晓宁.TC4 钛合金喷丸强化表面完整性研究[D].大连:大连理工大学,2015.

[17] 张新华.TC4 钛合金喷丸强化表面性能对比研究[J].航空制造技术,2013(16):145-147,150.

[18] 陈国清,田唐永,张新华,等.Ti-6Al-4V 钛合金陶瓷湿喷丸表面强化微观组织与疲劳性能[J].中国有色金属学报,2013,23(1):122-127.

[19] 孙清玉.喷丸处理技术的应用和工艺控制[J].航空工艺技术,1992,45(4):35-37.

[20] 储继影，关占群，李占杰. 喷丸强化效果和质量的表征指标及影响因素[J]. 汽轮机技术，2003，45 (4)：255-256.

[21] 刘如伟. 抛丸清理，喷丸强化用弹丸的性质及选择原则[J]. 铸造技术，1996(3)：8-11.

[22] 郭初阳，王晓平，胡愈刚，等. 钛合金零件喷丸工艺及质量控制[J]. 新技术新工艺，2013(9)：86-88.

[23] 国家国防科技工业局. 航空零件喷丸强化工艺：HB/Z26-2011[S]. [S.L.]：[s.n.]，2011.

[24] 张立. 喷丸表面覆盖率的分析与研究[D]. 苏州：苏州大学，2015.

[25] 盖鹏涛，陈福龙，尚建勤，等. 喷丸强化对表面完整性影响的研究现状与发展[J]. 航空制造技术，2016(20)：16-21.

[26] 方博武. 受控喷丸与残余应力理论[M]. 济南：山东科学技术出版社，1991.

[27] Askar'Yan G A，Moroz E M. Pressure on Evaporation of Matter in a Radiation Beam[J]. Soviet Journal of Experimental & Theoretical Physics，1963，16(6)：1638.

[28] 李伟，李应红，何卫锋，等. 激光冲击强化技术的发展和应用[J]. 激光与光电子学进展，2008，45 (12)：15-19.

[29] 胡太友，乔红超，赵吉宾，等. 激光冲击强化设备的开发[J]. 光电工程，2017，44(7)：732-737.

[30] Rubio-González C，Ocana J L，Gomez-Rosas G，et al. Effect of laser shock processing on fatigue crack growth and fracture toughness of 6061 - T6 aluminum alloy[J]. Materials Science & Engineering A（Structural Materials：Properties，Microstructure and Processing），2004，386 (1-2)：291-295.

[31] Peyre P，Fabbro R，Merrien P，et al. Laser shock processing of aluminium alloys. Application to high cycle fatigue behaviour[J]. Materials Science & Engineering A，1996，210(1-2)：102-113.

[32] Clauer A H，Lahrman D F. Laser Shock Processing as a Surface Enhancement Process[J]. Key Engineering Materials，2001，197：121-142.

[33] Montross C S，Wei T. Laser shock processing and its effects on microstructure and properties of metal alloys：a review[J]. International Journal of Fatigue，2002，24(10)：1021-1036.

[34] 高玉魁. GH742 高温合金激光冲击强化和喷丸强化残余应力[J]. 稀有金属材料与工程，2016，45 (9)：2347-2351.

[35] 蒋聪盈，黄露，王婧辰，等. TC4 钛合金激光冲击强化与喷丸强化的残余应力模拟分析[J]. 表面技术，2016，45(4)：5-9.

[36] 李东来. 6082-T6 铝合金激光喷丸诱导残余应力与强化效应[D]. 长春：吉林大学，2019.

[37] 何肇基. 金属的力学性能[M]. 北京：冶金工业出版社，1982.

[38] 刘锁. 金属材料的疲劳性能与喷丸强化工艺[M]. 北京：国防工业出版社，1977

[39] 郭大浩，张永康，吴鸿兴，等. 激光冲击强化机理研究[J]. 中国科学，1999，29(3)：222-226.

[40] 钱绍祥，殷苏民，张飞霞，等. 搭接率对 AISl202 焊接接头激光冲击应力分布的影响[J]. 表面技术，2013，42(6)：15-17.

[41] 高玉魁. 孔挤压强化对 23Co14Ni12Cr3MoE 钢疲劳性能的影响[J]. 金属热处理，2007，32(11)：34-36.

[42] 高玉魁. 表面强化对 A-100 钢带孔构件疲劳性能的影响[J]. 材料热处理学报，2014，35(5)：

160-164.

[43] 高玉魁，赵艳丽，仲政. 300M 超高强度钢孔挤压强化残余应力场的三维模拟分析[J]. 材料热处理学报，2014，35(10)：199-203.

[44] 王燕礼，朱有利，曹强，等. 孔挤压强化技术研究进展与展望[J]. 航空学报，2018，39(2)：1-17.

[45] 徐灏. 疲劳强度设计[M]. 北京：机械工业出版社，1981.

[46] Liu J，Yue Z F，Liu Y S. Surface finish of open holes on fatigue life[J]. Theoretical & Applied Fracture Mechanics，2007，47(1)：35-45.

[47] 孙暄，王珉. 孔的开缝衬套冷挤压强化技术[J]. 机械制造，1998，(1)：22-24.

[48] 王珉. 抗疲劳制造原理与技术[M]. 苏州：江苏科学技术出版社，1999.

[49] 朱海. 挤压孔连接件疲劳寿命分析的应力场强法[D]. 南京：南京航空航天大学，2014.

[50] 傅仕伟，王珉，左敦稳. 冷挤压孔抗疲劳增寿机理与试验研究[J]. 航空工艺技术，1998(1)：23-25.

[51] 杨洪源，刘文珽. 孔挤压强化疲劳增寿效益的试验研究[J]. 机械强度，2010，32(3)：446-450.

[52] Su M，Amrouche A，Mesmacque G，et al. Numerical study of double cold expansion of the hole at crack tip and the influence on the residual stresses field[J]. Computational Materials Science，2008，41(3)：0-355.

[53] 薛巍. 带开缝衬套的冷扩孔挤压工艺[J]. 中国高新技术企业，2011(34)：85-88.

[54] Amrouche A，Mesmacque G，Garcia S，et al. Cold expansion effect on the initiation and the propagation of the fatigue crack Original[J]. International Journal of Fatigue，2003(25)：949-954.

[55] 王强，陈雪梅，张文光，等. A-100 钢开缝衬套孔挤压强化残余应力场[J]. 中国表面工程，2011(5)：64-67.

[56] Nigrelli V，Pasta S. Finite-element simulation of residual stress induced by split-sleeve cold-expansion process of holes[J]. Journal of Materials Processing Technology，2008，205(1)：290-296.

[57] 龚澎，郑林斌，张坤，等. 7B50-T7451 铝合金板材孔挤压工艺性能研究[J]. 航空材料学报，2011，31(4)：45-50.

[58] 张坤，龚澎，宋德玉，等. 孔挤压强化对超高强 7055-T7751 厚板组织性能的影响[J]. 航空材料学报，2010，30(5)：44-48.

[59] 华文君，赵振业. 300M 钢孔挤压强化疲劳断口扫描电镜观察与分析[J]. 材料工程，1994(1)：31-34.

[60] Gopalakrishna H D，Murthy H N N，Krishna M，et al. Cold expansion of holes and resulting fatigue life enhancement and residual stress in Al 2024 T3 alloy - An experimental study[J]. Engineering Failure Analysis，2010(17)：361-368.

[61] Fu Y，Ge E，Su H，et al. Cold expansion technology of connection holes in aircraft structures：A review and prospect[J]. Journal of Aeronautics，2015，28(4)：961-973.

[62] 朱有利，侯帅，王燕礼，等. 芯棒锥面结构对孔冷挤压强化残余应力场的影响[J]. 材料科学与工艺，2015，23(4)：87-92.

[63] Jang J S，Kim D，Cho M R. The Effect of Cold Expansion on the Fatigue Life of the Chamfered

Holes[J]. Journal of Engineering Materials and Technology，2008，130(3):031014.

［64］侯帅，朱有利，王燕礼，等. 孔边倒角对直接芯棒孔冷挤压残余应力场的影响[J]. 兵器材料科学与工程，2015，38(3)：82-89.

［65］Farhangdoost K，Hosseini A. The Effect of Mandrel Speed upon the Residual Stress Distribution Around Cold Expanded Hole[J]. Procedia Engineering，2011，10：2184-2189.

［66］Papanikos P，Meguid S A. Elasto-plastic finite-element analysis of the cold expansion of adjacent fastener holes[J]. Engineering Failure Analysis，2003(10)：13-24.

［67］Kim C，Kim D J，Seok C S，et al. Finite element analysis of the residual stress by cold expansion method under the influence of adjacent holes[J]. Journal of Materials Processing Technology，2004，153-154(none)：986-991.

［68］周航，周旭东，周宛. 金属零件表面滚压强化技术的现状与展望[J]. 工具技术，2009，43(12)：18-22.

［69］Hassan A M. An Investigation into the Surface Characteristics of Burnished Cast Al-Cu Alloys[J]. International Journal of Machine Tools and Manufacture，1997，37(6)：813-821.

［70］王燕礼，朱有利，杨嘉勤. 滚压强化技术及在航空领域研究应用进展[J].航空制造技术，2018，61(5)：75-83.

［71］何嘉武，马世宁，巴德玛. 表面滚压强化技术研究与应用进展[J].装甲兵工程学院学报，2013，27(3)：75-81.

［72］韩林. 高强度螺栓滚压螺纹工艺研究[D]. 上海：上海交通大学，2018.

［73］顾青丽. 风电螺栓螺纹滚压工艺参数的选择[J]. 电气工程学报，2010(11)：62-64.

［74］傅宏沧，李居河. 工艺系统对滚压螺纹的影响[J]. 青岛远洋船员职业学院学报，1999，35(2)：70-73.

［75］王秀伦. 螺纹滚压加工技术[M].北京：中国铁道出版社，1990.

［76］韩波，邹晓华，肖爱华，等. 一种飞机整体壁板压印强化工具[P].中国：CN201020619949.7,2010.

［77］金属材料残余应力超声冲击处理法：GB/T 33163—2016 [M]. 北京：中国标准出版社，2016.

［78］Marquis G B，Mikkola E，Yildirim H C，et al. Fatigue strength improvement of steel structures by high-frequency mechanical impact：proposed fatigue assessment guidelines [J]. Welding in the World，2013，57(6)：803-822.

［79］Marquis G，Barsoum Z. Fatigue strength improvement of steel structures by high-frequency mechanical impact：proposed procedures and quality assurance guidelines [J]. Welding in the World，2014，58(1)：19-28.

［80］Yildirim H C，Marquis G B. Overview of Fatigue Data for High Frequency Mechanical Impact Treated Welded Joints [J]. Welding in the World，2012，56(7-8)：82-96.

［81］Statnikov E S，Muktepavel V O，Blomqvist A. Comparison of Ultrasonic Impact Treatment (UIT) and Other Fatigue Life Improvement Methods [J]. Welding in the World，2002，46(3-4)：20-32.

［82］Yildirim H C，Marquis G B. A round robin study of high-frequency mechanical impact (HFMI)-treated welded joints subjected to variable amplitude loading [J]. Welding in the World，2013，57(3)：437-447.

[83] 王东坡. 改善焊接头疲劳强度超声冲击方法的研究 [D]. 天津：天津大学，2000.

[84] Pedersen M M，Mouritsen O O，Hansen M R，et al. Comparison of Post‐Weld Treatment of High‐Strength Steel Welded Joints in Medium Cycle Fatigue [J]. Welding in the World，2010，54 (7-8)：208-217.

[85] Statnikov E S，Korolkov O V，Vityaze V N，et al. Physics and mechanism of ultrasonic impact impact [J]. Ultrasonics International，2006，44(1)：533-538.

[86] 王东坡，霍立兴，张玉凤，等. 超声冲击法改善 LF21 铝合金焊接接头的疲劳性能 [J]. 中国有色金属学报，2001，11(5)：754-759.

[87] 王东坡，霍立兴，张玉凤. 超声冲击法对钛合金焊接接头疲劳性能的改善 [J]. 中国有色金属学报，2003，13(6)：1456-1460.

[88] 金玲玲. 承载超声冲击提高焊接接头疲劳性能的研究 [D]. 天津：天津大学，2012.

[89] 孙明霞，梁春华. 低塑性抛光技术在压气机叶片上的发展与应用[J]. 航空制造技术，2014，451 (7)：57-59.

[90] Prevéy P S，Jayaraman N，Cammett J. Overview of low plasticity burnishing for mitigation of fatigue damage mechanisms[R]. Lambda Research Cincinnati Oh，2005.

[91] Li F L，Xia W，Zhou Z Y. Finite element calculation of residual stress and cold‐work hardening induced in Inconel 718 by Low Plasticity Burnishing[C]//2010 Third International Conference on Information and Computing. IEEE，2010(2)：175-178.

[92] 高玉魁，柳鸿飞. 低塑性抛光技术对材料表面完整性影响的研究进展[J]. 航空制造技术，2019，62(18)：14-22.

[93] YUAN X，SUN Y，LI C，et al. Experimental investigation into the effect of low plasticity burnishing parameters on the surface integrity of TA2[J]. The International Journal of Advanced Manufacturing Technology，2017，88(1-4)：1089-1099.

[94] PRABHU P R，KULKARNI S M，SHARMA S S. Influence of deep cold rolling and low plasticity burnishing on surface hardness and surface roughness of AISI 4140 steel[J]. World Academy of Science，Engineering and Technology，2010，72：619-624.

[95] 高玉魁. 不同表面改性强化处理对 TC4 钛合金表面完整性及疲劳性能的影响[J]. 金属学报，2016，52(8)：915-922.

[96] Seemikeri C Y，Brahmankar P K，Mahagaonkar S B. Investigations on surface integrity of AISI 1045 using LPB tool[J]. Tribology International，2008，41(8)：724-734.

[97] Seemikeri C Y，Brahmankar P K，Mahagaonkar S B. Low Plasticity Burnishing：an innovative manufacturing method for biomedical applications [J]. Journal of Manufacturing Science and Engineering，2008，130(2)：021008.

2 表面形变强化残余应力的形成

2.1 喷丸强化

2.1.1 喷丸强化残余应力的形成机理

喷丸强化一般用于改善金属的抗疲劳性能和耐腐蚀性能,通常认为喷丸强化过程中会产生两种强化因素:应力强化和组织强化[1]。应力强化中的"应力"为喷丸强化处理在金属表层形成的残余压应力。在传统的喷丸处理过程中,无数的球形弹丸连续高速喷射到零件表面并在表面留下弹坑。此时金属表层发生拉伸塑性变形,而内部组织发生弹性变形并试图进行弹性回复。但表层永久的塑性变形限制了弹性回复的发生,这种不均匀变形在表层引入了残余应力[2]。残余压应力可以阻碍疲劳裂纹的萌生和扩展,使疲劳裂纹源由表面转移至次表面。

此外,喷丸的高速冲击过程使得材料表面发生剧烈的塑性变形,造成金属强化层内晶粒细化甚至纳米化,晶格畸变程度增加,晶粒内部位错和亚结构等密度大幅上升,以及诱发孪晶等[3]。微观组织的此种变化将引发细晶强化、位错强化、亚结构强化等强化机制,使材料表层组织结构优化,改善了材料的性能。喷丸强化产生的这种强化机制称为组织强化。

王仁智[4]对以上两种强化机制的研究结果表明,应力强化只能改善正应力引起的正断型断裂模式的疲劳断裂抗力,即残余压应力仅能削减外加交变载荷中的正应力。组织强化则能够改善切应力引起的切断型模式的疲劳断裂抗力,并对改善正断型模式的疲劳断裂抗力有贡献。

2.1.2 喷丸强化残余应力的测量方法

残余应力的测量方法包括机械测定法(有损)和物理测定法(无损)。机械测定法的原理是通过钻孔、开槽或剥层等方法,将存在残余应力的结构进行局部分离、分割,使残余应力发生松弛。再采用电阻应变片测定因应力松弛产生的变形,根据弹性力学计算残余应力。物理测定法则依据材料的物理性质随残余应力的变化来测定残余应力数值[5],包括 X 射线衍射法、磁性测定法、中子衍射法等。其中,X 射线衍射法的测量速度快、结果精度高、适用范围广,并得到了广泛的应用。

X射线衍射法根据材料的弹性应变可得到残余应力值[6]。在无应力状态下,多晶体晶粒中不同方位的同族晶面间距相等。宏观应力将引起晶面间距发生有规律的变化,随晶面与应力取向的不同而改变,如图 2-1 所示。将 $\varepsilon_{\Phi\Psi}$ 方位的晶面间距 $d_{\Phi\Psi}$ 相对于原始晶面间距 d_0 的变化定义为弹性应变,弹性应变或晶面间距的变化也反映衍射角的改变。根据布拉格方程的微分式如下:

$$\frac{\Delta d}{d_0} = -\cot\theta_0(\theta_{\Phi\Psi} - \theta_0) = \varepsilon_{\Phi\Psi} \tag{2-1}$$

式中　$\theta_{\Phi\Psi}$ ——有应力时不同方位的衍射角;

　　　θ_0 ——无应力时的衍射角。

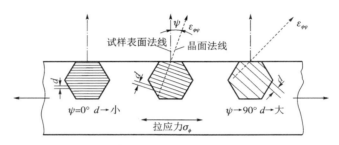

图 2-1　应力与不同方位同族晶面面间距的关系

利用 X 射线衍射法测量宏观残余应力一般是在平面应力状态的条件下进行,即物体表面法线方向上的应力为零,测得的应力为平行于物体表面的应力。典型的测定方法为 $\sin^2\Psi$ 法,在图 2-2 的坐标系中,空间某一方向的正应力 $\sigma_{\Phi\Psi}$ 为

$$\sigma_{\Phi\Psi} = \alpha_1^2\sigma_1 + \alpha_2^2\sigma_2 + \alpha_3^2\sigma_3 \tag{2-2}$$

式中　$\alpha_1,\alpha_2,\alpha_3$ —— $\sigma_{\Phi\Psi}$ 相对坐标系的方向余弦角;

　　　$\sigma_1,\sigma_2,\sigma_3$ ——主应力。

图 2-2　宏观应力测定坐标系

对应的应变 $\varepsilon_{\Phi\Psi}$ 为

$$\varepsilon_{\Phi\Psi} = \alpha_1^2\varepsilon_1 + \alpha_2^2\varepsilon_2 + \alpha_3^2\varepsilon_3 \tag{2-3}$$

根据广义胡克定律,可得

$$\left.\begin{array}{l} \varepsilon_1 = \dfrac{\sigma_1}{E} - \dfrac{\nu}{E}(\sigma_2 + \sigma_3) \\[3mm] \varepsilon_2 = \dfrac{\sigma_2}{E} - \dfrac{\nu}{E}(\sigma_1 + \sigma_3) \\[3mm] \varepsilon_3 = \dfrac{\sigma_3}{E} - \dfrac{\nu}{E}(\sigma_2 + \sigma_1) \end{array}\right\} \tag{2-4}$$

式中 E ——弹性模量；

ν ——泊松比。

由于平面应力状态，σ_3 为零，所以实际测得的应力为图 2-2 中的 σ_Φ。联立式（2-3）和式（2-4）推导，可得：

$$\sigma_\Phi = \frac{E}{1+\nu} \cdot \frac{\partial \varepsilon_{\Phi\Psi}}{\partial \sin^2 \Psi} \tag{2-5}$$

式（2-5）为待测应力 σ_Φ 与弹性应变 $\varepsilon_{\Phi\Psi}$ 随方位角 Ψ 的关系，同时表明了在平面应力状态下，$\varepsilon_{\Phi\Psi}$ 或晶面间距变化率与 $\sin^2 \Psi$ 呈线性关系。再由式（2-1），可得：

$$\sigma_\Phi = -\frac{E}{2(1+\nu)} \cot \theta_0 \, \frac{\pi}{180} \, \frac{\Delta 2\theta_{\Phi\Psi}}{\Delta \sin^2 \Psi} \tag{2-6}$$

式（2-6）为平面应力状态条件下宏观应力测定的基本公式。同时也表明了 $2\theta_{\Phi\Psi}$ 和 $\sin^2 \Psi$ 呈线性关系，如图 2-3 所示。应力常数 K 与斜率 M 按下式计算

$$K = -\frac{E}{2(1+\nu)} \cot \theta_0 \, \frac{\pi}{180} \qquad M = \frac{\Delta 2\theta_{\Phi\Psi}}{\Delta \sin^2 \Psi}$$

则待测应力按下式计算

$$\sigma_\Phi = KM \tag{2-7}$$

式中 K ——应力常数（值为负数）；

M ——$2\theta_{\Phi\Psi}$ 和 $\sin^2 \Psi$ 关系直线的斜率，M 值的正负决定了所测应力为正应力还是压应力。测出不少于两个 Ψ 方向的衍射角 $2\theta_{\Phi\Psi}$ 即可求出 M，再根据测试条件确定相应的应力常数 K，利用式（2-7）即可求出应力值。其他残余应力测试方法可参考《残余应力基础理论及应用》一书。

2.2 激光冲击强化

2.2.1 激光冲击强化残余应力的形成机理

1. 塑性变形

在约束模型下，超强激光冲击波受到约束层作用而无法向外膨胀，只能向靶材内部传播。冲击波到达靶材表面时，靶材会发生永久的不可回复的局部塑性应变和变形。随着激光冲击波传播深度的增大，激光冲击波强度呈几何级数减小，当激光冲击波峰值压力低于许贡扭弹性极限（HEL）时，靶材停止发生塑性变形。Johnson 等人[7]通过研究发现，靶材的 HEL 值和动态屈服极限具有如下的关系：

$$HEL = \frac{1-\nu}{1-2\nu} \sigma^{dyn} \qquad (2-8)$$

式中　ν——泊松比；

　　　σ^{dyn}——靶材动态屈服极限。

1992 年，Ballard 等人为了找出激光强化时的最优工作条件，提出了激光冲击波加载下的理论模型，并且对这一模型做出如下假设[8,9]：

① 冲击波是理想的平面纵波，其在理想的弹塑性材料中传播；

② 冲击波的能量在空间中均匀分布；

③ 不考虑加工硬化和黏性影响；

④ 金属材料的应变都是一维应变。

冲击波峰值压力和许贡扭弹性极限（HEL）共同决定靶材的变形情况，在不同冲击波峰值压力下，受冲击靶材获得的残余应力场也不相同[10]，如图 2-3 所示。

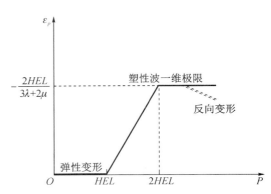

图 2-3　塑性应变与峰值压力之间的关系[10]

（1）当冲击波最大压力还没到达 HEL 时，在受到冲击波加载后，靶材只会在纵向发生可回复的弹性变形。式（2-9）可用来描述其纵向的弹性应力-应变关系：

$$\sigma_x = \left(K + \frac{4}{3}G\right) \cdot \varepsilon \qquad (2-9)$$

式中　K——体积模量；

　　　G——切变模量；

　　　ε——应变张量。

（2）当冲击波最大压力处于 $HEL \sim 2HEL$ 时，此时材料开始产生塑性变形，其变形量与冲击波压力呈线性关系。但是当激光冲击波被撤销后，只存在弹性卸载波，靶材会恢复原状。此时纵向应力-应变的关系为

$$\sigma_x = \left(\frac{3}{2}\lambda + \mu\right) \cdot \varepsilon_p - \sigma^{dyn} \cdot \left(1 + \frac{\lambda}{\mu}\right) \qquad (2-10)$$

式中，λ，μ 是材料的 Lame 弹性常数，$\lambda = \dfrac{E\nu}{(1+\nu)(1-2\nu)}$，$\mu = G = \dfrac{E}{2(1+\nu)}$。

（3）当冲击波的峰值压力处于 $2HEL \sim 2.5HEL$ 时，靶材发生塑性变形，当撤销冲击波后，会产生塑性卸载波。材料的应力-应变关系为

$$\sigma_x = \left(\frac{3}{2}\lambda + \mu\right) \cdot \varepsilon_p + \sigma^{dyn} \cdot \left(1 + \frac{\lambda}{\mu}\right) \qquad (2-11)$$

（4）当峰值压力大于 2.5HEL 时，在卸载冲击波期间，卸载波自冲击边缘汇聚于冲击区域中心，这导致反向变形发生，使冲击区域中心的残余压应力出现缺失。

所以，理论上，使激光冲击波的峰值压力处于 2HEL～2.5HEL 可以获得较为理想的激光冲击强化效果，也就是说，冲击区域的中心位置发生塑性变形且无反向变形。

2. 残余应力形成机制

激光冲击波与材料相互作用的过程相当复杂，涉及多领域和多学科的相互关系。强激光照射到吸收层表面，产生超强冲击波（GPa 量级），当激光冲击波峰值压力大于靶材动态屈服极限时，靶材会发生塑性变形。从宏观角度看，激光冲击强化效果表现为表面产生残余压应力和材料表面硬化；从微观角度看，靶材晶粒得到细化并且位错密度增大，靶材内部材料发生应变硬化和剪切滑移[11]。对于约束模型来说，残余压应力的形成机制分为两个过程[12]，如图 2-4 所示。

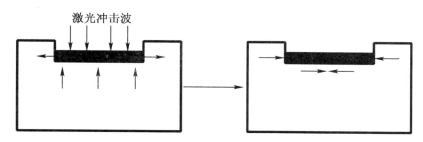

图 2-4　激光冲击强化诱导残余应力示意图[13]

（1）当峰值压力高于材料 HEL 值时，受冲击材料发生塑性变形。

（2）当冲击波压力减小到低于 HEL 值时，塑性变形的材料被周围弹性变形材料挤压，最终，在平行于冲击面的一维平面里形成了双轴残余压应力场[13]。

经过激光冲击材料的表面会产生残余压应力，这可以改善材料的疲劳寿命、耐磨性、耐腐蚀性等机械性能。但是，残余压应力存在的同时总是伴随着平衡残余拉应力，因此在激光辐照零件时要注意控制激光工艺及参数，控制残余拉应力大小或者使其出现在不重要的位置。

3. 残余应力估算

（1）表面残余应力估算。为了估算材料表面和深度方向的残余应力大小，Ballard 等人[8]提出了一个半无限大的模型，认为塑性变形区是形状规则的几何体，并且位于半无限大的模型表面，如图 2-5 所示。靶材表面的最大残余压应力为[9]

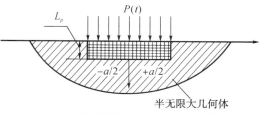

图 2-5　半无限体激光冲击示意图[8]

$$\sigma_{surf} = \sigma_0 - \left[\frac{\mu\,\varepsilon_p(1+\nu)}{(1-\nu)+\sigma_0}\right] \cdot \left[1 - \frac{4\sqrt{2}}{\pi}(1+\nu)\frac{L_p}{r_p\sqrt{2}}\right] \tag{2-12}$$

式中 σ_0 ——靶材的初始残余应力；

ε_p ——材料的塑性应变；

L_p ——塑性应变层深度；

r_p ——激光光斑直径，L_p，r_p 分别用下列公式表示[9]：

$$\varepsilon_p = \frac{-2HEL}{3\lambda + 2\mu} \cdot \left(\frac{P}{HEL} - 1\right) \tag{2-13}$$

$$L_p = \left(\frac{C_{el}\,C_{pl}t}{C_{el} - C_{pl}}\right) \cdot \left(\frac{P - HEL}{2HEL}\right) \tag{2-14}$$

$$C_{el} = \sqrt{\frac{\lambda + 2\mu}{\rho}} \tag{2-15}$$

$$C_{pl} = \sqrt{\frac{\lambda + \frac{2}{3}\mu}{\rho}} \tag{2-16}$$

式中 C_{el} ——弹性波波速；

C_{pl} ——塑性波波速；

ρ ——靶材密度；

t ——冲击波作用时间。

（2）深度方向残余应力估算。依据材料弹塑性力学理论，江苏大学的陈瑞芳等人[14]分析了材料弹塑性力学性能和残余应力间的关系，建立了深度方向残余应力的估算公式：

$$\sigma_x = EkP_{max}\,e^{\frac{bx}{E}} \tag{2-17}$$

式中 E ——弹性模量；

k, b ——根据试验数据利用最小二乘法而得的具体值；

P_{max} ——激光冲击波的峰值压力；

x ——残余压应力层的深度。

需要指出的是，残余应力数值的估算公式都是建立在一定的假设条件和模型的基础之上而得到的。

2.2.2 激光冲击强化残余应力的测试方法

参照文献[15]的模拟方法，建立 TC4 钛合金的激光冲击强化模型，如图 2-6 所示。为了提高计算效率，以有限元模型为靶材的 1/4，其尺寸为 5 mm×5 mm×3 mm，并在对称面上设置对称边界条件。材料表面为自由表面，因此在上表面不设置边界条件。在材料的其他面上,用无限元网格包围有限元网格,二者的边界上用 tie 功能连接。无限元网格能吸收应力波,从而防止应力波在边界上反弹,引起材料内部应力场紊乱。全部模型包含了 26 025 个节点、21 580 个 C3D8R 有限元网格以及 880 个 CIN3D8 无限元网格。

压力-时间曲线简化为线型形式如图 2-7 所示,图中 t_0 表示脉宽,P 表示峰值压力。在模拟过程中,取脉宽为 30 ns,峰值压力 3500 GPa。

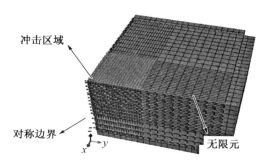

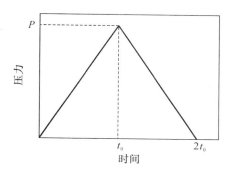

图 2-6　激光冲击强化有限元模型　　　　图 2-7　激光冲击强化压力-时间曲线

在激光冲击强化过程中,较高的应变率会引起材料的力学性能变化,因此用静态的力学本构方程来描述材料的物理属性是远远不够的。采用的 Johnson-Cook 模型是一种常用的动态强化模型,能反映材料在高应变率下的力学性能变化。材料选取 TC4 钛合金,杨氏模量 $E=115$ GPa,密度 $\rho=4.4$ g/cm³,泊松比 $\nu=0.3$,Johnson-Cook 模型参数 $A=870$ MPa,$B=990$ MPa,$C=0.011$,$m=1$,$n=0.25$[16]。

与激光冲击强化相似,喷丸强化过程可以分为喷丸撞击过程和自平衡过程。两个过程分别用 ABAQUS/Explicit 显式算法和 ABAQUS/Standard 隐式算法进行分析拟合。

表面覆盖率是喷丸强化工艺中的一个重要参数,它指的是喷丸后合金材料表面上弹坑所占面积之和与材料表面积的比值[17]。为了模拟 100% 覆盖率的喷丸强化工艺,采用四层弹丸叠加,建立喷丸强化的 1/2 模型,如图 2-8 所示。模型中弹丸直径为 0.36 mm,定义 TC4 钛合金靶材的长度和宽度分别为 12 倍和 6 倍的弹丸半径,即 2.16 mm 和 1.08 mm。由于模型为整体模型的 1/2,在靶材与半球的对称面取对称边界条件,其余面设置位移边界条件,而材料的表面为自由表面。全部模型包含了 114 257 个节点和 100 010 个 C3D8R 单元。

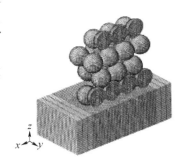

图 2-8　喷丸强化有限元模型

为保证与激光喷丸的对比性,喷丸强化和激光冲击强化的 TC4 钛合金材料属性一致。弹丸为铸钢丸,密度为 7.8 g/mm³,弹性模量 E 为 210 GPa,泊松比 ν 为 0.3,屈服强度为 1 693 MPa,初始入射速度为 60 m/s。

为了定量地评估表层改性后材料的强化效果,对 TC4 钛合金表面进行残余应力的测试是有必要的。X 射线衍射法是一种较成熟的材料表面残余应力无损检测技术,被广泛应用于工程与科学研究中[18]。采用 μ-X360n 型二维面探 X 射线衍射仪并结合电化学腐蚀抛光仪,测得应力在材料表层的分布梯度。图 2-9 是二维面探 X 射线衍射仪与探测器接收到的 TC4 钛合金衍射峰图。

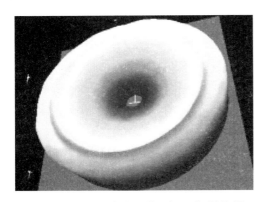

图 2-9　TC4 钛合金二维面探 X 衍射德拜环

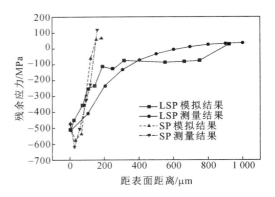

图 2-10　激光冲击强化与喷丸强化后残余应力沿深度分布

当材料表面残余压应力数值相同时,残余压应力层越深,则材料的抗疲劳性能越强。图 2-10 为激光冲击强化和喷丸强化后材料表层残余应力沿深度方向的分布。可以看到,在峰值压力为 3 500 MPa、脉宽为 30 ns 的方形光斑激光冲击强化下,TC4 钛合金表面 0 μm 处的残余应力值为 −500 MPa 左右。用 60 m/s 速度的铸钢丸在 100% 覆盖率下对 TC4 钛合金进行喷丸强化后,表面 0 μm 处的残余应力值也能相应地达到 −500 MPa。虽然两种强化效果可以使材料表面 0 μm 处产生相差不大的残余应力值,但是喷丸强化后材料残余压应力层深度只有 150 μm 左右,而激光冲击强化后材料残余压应力层深度可以达到喷丸强化的 4 倍。

激光冲击强化是利用高能的激光束瞬时激发出高压的等离子体,从而诱导材料表面产生高强度的应力波,进而引发材料表层的塑性变形。随着应力波在材料深度方向的传播,材料深度方向上也会产生相应的塑性变形。与此同时,材料的塑性变形会吸收应力波的能量,直到应力波不能再使材料发生塑性变形。喷丸强化是利用丸粒与材料表层的接触碰撞,使得材料表层发生塑性变形。由于喷丸工艺本身的限制,丸粒不能整个嵌入到材料的表层中,因此它引起的塑性变形深度有限,这就限制了喷丸强化引发的残余压应力层的深度。由于两种强化工艺引发塑性应变的机制不同,因此引发的塑性变形深度存在差异。图 2-11 反映了两种强化工艺下 TC4 钛合金的塑性应变(PE)在离表面 0 μm 以及 120 μm 处的分布。在距离材料表面 120 μm 处,喷丸强化后的塑性应变几乎为 0,如图 2-11(d)所示,而激光冲击强化后的塑性变形分量仍然有相对较大的数值,如图 2-11(b)所示。塑性变形会引起残余应力的形成,这就解释了为什么喷丸强化的残余压应力层深度不如激光冲击强化的残余压应力层。

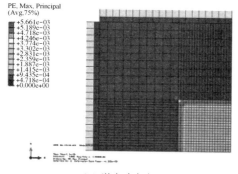

（a）激光冲击表面

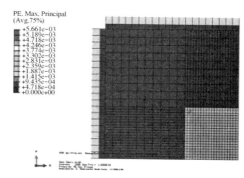

（b）距激光冲击表面 120 μm 处

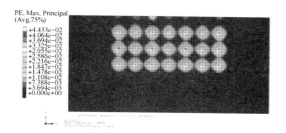

（c）喷丸表面

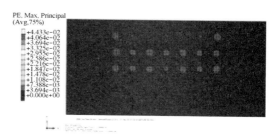

（d）距喷丸表面 120 μm 处

图 2-11　激光冲击强化和喷丸强化后塑性应变分布

疲劳裂纹往往从材料最薄弱的部分开始[18,19]，因此残余应力分布的均匀性也会影响材料的表层强化效果。激光冲击强化和喷丸强化后的 TC4 钛合金材料表面残余应力（S11）分布如图 2-12 所示。图 2-12 中两个强化区域的节点平均残余应力值都为 -500 MPa 左右，即图 2-11 的表面残余应力值。从图 2-12(b) 中可以看到，喷丸强化的残余应力分布不均匀，残余压应力的绝对值在丸粒撞击的凹坑处更大。特别是 A 点的残余应力为 +162 MPa，而 B 点的残余应力为 -846 MPa。总而言之，激光冲击强化可以得到比喷丸强化更加均匀的残余应力分布。

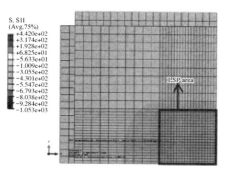

（a）激光冲击后的材料表面

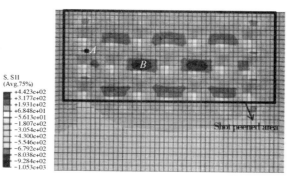

（b）喷丸后的材料表面

图 2-12　激光冲击强化和喷丸强化后材料表面残余应力分布

2.3 孔挤压强化

2.3.1 孔挤压强化残余应力的形成机理

通常认为孔挤压强化产生的残余压应力是提高连接孔疲劳强度的主要原因[20-23],图 2-13 是孔挤压残余应力分布特征示意图。可以看到,该残余应力区域大峰值高,周向残余压应力深度(残余拉/压应力突变点距离孔壁的距离)约有孔的半径至直径的尺度,应力峰值接近材料的压缩屈服强度,而残余拉应力峰值仅为材料拉伸屈服强度的 10%~15%;因为挤压后表层材料在残余压应力作用下会产生反向屈服,故残余压应力峰值总是出现在孔壁次表层。

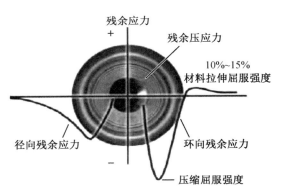

图 2-13 孔挤压径向/周向残余应力分布特征

周向残余压应力并不能改变孔边应力幅 σ_a,但可有效降低孔边在疲劳载荷作用下的实际平均应力,如图 2-14 所示,延缓疲劳裂纹萌生,延长裂纹萌生寿命;大深度残余压应力场还可增大疲劳裂纹扩展区面积,同时,降低裂纹尖端的有效应力强度因子幅值 ΔK 和裂纹扩展速率 $\mathrm{d}a/\mathrm{d}N$,大幅延长裂纹扩展寿命。图 2-15[24]是基于 SEM 测试的孔挤压前后疲劳试样断口辉纹间距与裂纹长度的对应关系,可以看到挤压和未挤压强化试样裂纹扩展距离分别为 8 mm 和 0.8 mm,且孔挤压试样辉纹间距明显要小于未强化试样,辉纹间距反映了局部区域的裂纹扩展速率;在残余压应力作用下,ΔK 甚至会低于材料本身的应力强度因子门槛值 ΔK_{th},促使疲劳裂纹闭合,停止扩展。Wang 等[24]发现 3 mm

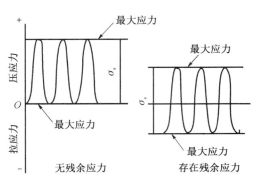

图 2-14 冷挤压后孔边交变疲劳载荷的变化

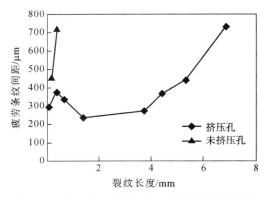

图 2-15 残余应力对扩展区和扩展速率的影响

厚 AA6061-T6 铝合金 8 mm 孔挤压强化后(4%相对挤压量),在孔壁形成的三向压应力"刚核区"可导致裂纹绕行,如图 2-16 和图 2-17(b)所示,大幅增大裂纹扩展距离,这是一个新现象,并认为这有助于进一步延长疲劳寿命。

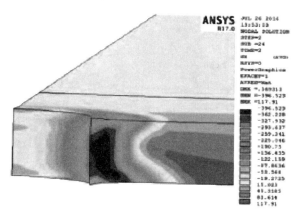

(a) X 方向应力分量

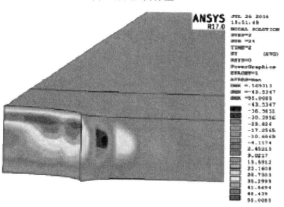

(b) Y 方向应力分量

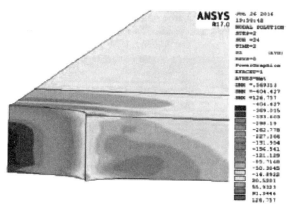

(c) Z 方向应力分量

图 2-16 FEM 计算孔挤压残余应力分量分布云图

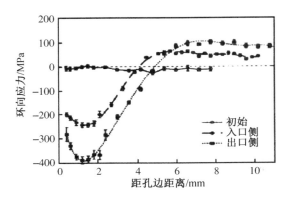

图 2-17　XRD 测试孔挤压钱和 4% 干涉量时周向残余应力[30]

受沿孔轴向方向不同厚度处的材料约束状态不同[25-27],以及材料沿芯棒移动方向的塑性流动增大了孔中部和挤出端位置材料的实际挤压量[28]的影响,孔挤压周向残余应力沿厚度呈梯度分布,非常不均匀,通常是孔中间最大,挤出端次之,挤入端最小[29,30],如图 2-16(a)[24]、图 2-17 所示。从疲劳理论角度讲,当其他影响疲劳的因素一致时,挤入端因为残余压应力最小,必然是疲劳裂纹最易萌生的地方。大量试验也证实,挤压孔疲劳裂纹总是很有规律地萌生在挤入端,而未挤压孔疲劳源,图 2-18 中①,②,③箭头所指,则随机分布在孔壁上。

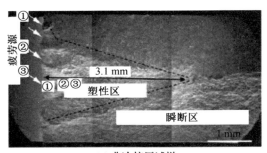

(a) 非冷挤压试样

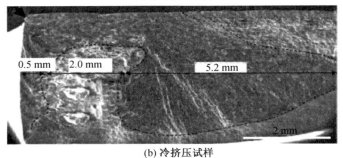

(b) 冷挤压试样

图 2-18　断口表面形貌[24]

2.3.2 孔挤压强化残余应力的测试方法

黄宏等人[31]对 7050 铝合金孔挤压强化后的残余应力分布进行研究。试验材料为 7050-T7451 铝合金,室温拉伸性能如下:抗拉强度 $\sigma_b = 510$ MPa,屈服强度 $\sigma_{0.2} = 441$ MPa,延伸率 $\delta_5 = 10\%$。试片尺寸如图 2-19 所示,试片纵向为板材轧制方向。

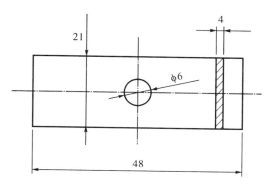

图 2-19 孔试片形状与尺寸

(1) 孔强化试验采用 4 种相对挤压量对试片进行开缝衬套冷挤压强化,挤压量分别为 3%、4% 和 5%,未强化孔的挤压量定义为 0。铰削量是指孔强化后对孔进行铰削到终孔的金属去除量,在 5% 挤压量的基础上,选取 3 种铰削量进行对比试验,分别为 0.09 mm、0.16 mm 和 0.30 mm。在制孔的过程中,采用钻孔、扩孔、铰孔的加工工艺。孔强化设备采用美国 FTI 公司生产的 FT-200 型气液增压泵,拉枪为 LB20 型。采用 LXRD 应力分析仪,测定试片孔边径向残余应力,分别检测强化前后、不同挤压量及不同铰削量的残余应力分布。检测点分布如图 2-20 所示,射线光斑直径为 1 mm,检测点间距为 1 mm,测试方向沿孔边径向。测试条件为 Co 射线靶材,衍射晶面为 311。

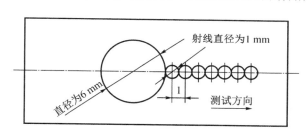

图 2-20 残余应力检测点分布

开缝衬套冷挤压孔强化是在芯棒上加装开缝衬套,芯棒在拉枪的拉力 F 作用下,沿轴向通过孔时,芯棒大端通过开缝衬套挤压孔壁使孔胀大,达到挤压强化孔壁的效果。孔挤压强化过程如图 2-21 所示。

(2) 在孔强化过程中,芯棒大端通过孔时,孔壁金属受到挤压,孔壁先发生弹性变形,当挤压变形力超过材料屈服极限时,发生塑性变形。因此,在孔壁一定深度范围内的金属层发生弹性变形,与该层相邻的

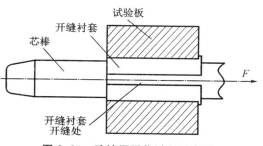

图 2-21 孔挤压强化过程示意图

材料发生塑性变形。当芯棒拉出孔后,孔壁表层发生弹性变形的材料在内应力的作用下开始回弹,并对塑性变形层形成反向挤压,从而在孔壁一定范围内形成残余压应力区。其中负值为压应力,正值为拉应力。

(3)强化过程包括强化前制初孔,冷挤压强化及强化后铰孔,残余应力分布如图2-22所示。从图2-22可以看出,强化前残余压应力分布在(−90±25)MPa范围内。随着挤压作用的影响,强化后的孔边存在明显的残余应力,呈现先增大后减小的趋势,最大值在距离孔边2 mm处。强化后最大残余压应力未出现在孔边,是由于孔壁发生回弹导致该处残余应力下降,过回弹区后,压应力逐渐达到最大,随后由于材料屈服效应减弱,对强化后的孔再进行铰孔,从图2-22中的曲线可以看出此时残余压应力最大值小于铰孔前的压应力最大值,因此铰孔对残余压应力起到一定减弱作用。

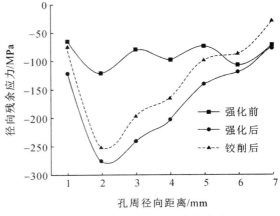

图 2-22　强化过程径向残余应力

不同挤压量的径向残余应力分布如图2-23所示。从图2-23可见,随着挤压量的增加,残余压应力逐渐增大。挤压量为3%时,残余压应力在径向距离3 mm的位置达到最大,为−130 MPa,径向距离>4 mm后残余压应力变化趋于稳定。挤压量为4%和5%时,残余压应力均在径向距离2 mm的位置达到最大,分别为−251 MPa和−276 MPa。残余压应力值随径向距离的增加呈现先增大后减小的趋势,孔挤压强化层的残余应力大小与挤压量有关,挤压量越大,残余压应力越大。

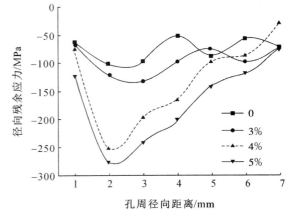

图 2-23　不同挤压量径向残余应力

(4)开缝衬套冷挤压技术是通过芯棒挤压孔内的开缝衬套进行强化,在挤压过程中,材料芯棒大端所受的作用力发生塑性变形,在开缝衬套开缝处会挤出金属,造成挤压后的孔壁出现一条轴向凸脊,如图2-24

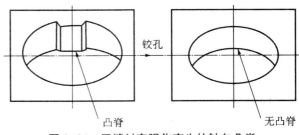

图 2-24　开缝衬套强化产生的轴向凸脊

所示。实际使用时为方便紧固件装配,通常采用铰孔的方式去除孔内凸脊,使孔径尺寸达到装配要求。

(5)孔强化后去除孔壁内的金属会破坏原有的塑性变形层[32],使原有的残余应力场进行重构,不同铰削量对残余应力分布的影响如图 2-25 所示。可以看出,铰削后的残余压应力沿孔边径向呈现先增大后减小的趋势,残余压应力随铰削量的增加逐渐减小。0.09 mm 铰削量时的最大残余压应力值为−276 MPa,0.16 mm 铰削量时的最大残余应力值为−246 MPa。超过 0.16 mm 铰削量时,对残余压应力会产生弱化,当铰削量达到0.30 mm时,最大残余应力由−276 MPa 降低到−184 MPa,出现明显的残余压应力弱化效应。

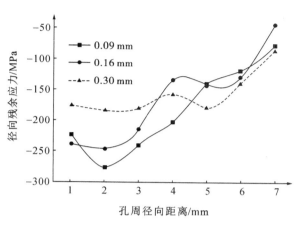

图 2-25　不同铰削量径向残余应力

2.4　螺纹滚压强化

2.4.1　螺纹滚压强化残余应力的形成机理

螺纹滚压本质是通过两个硬度高的滚压模加工光杆形成螺纹冷挤压过程。在滚压过程中,对滚压模表面的受力称为滚动压力。从微观上观察,螺纹的滚压加工法是运用被滚压材料室温下的塑性,滚压设备施加滚压力促使材料塑性变形。晶面出现不均匀滑移,从而形成滑移带,每个晶粒沿齿形的变形方向拉长,它们之间的晶格和晶粒相互扭曲,挤压成条状,呈纤维状,最后形成螺纹形状。这在一定程度解释了通过建立表面压缩残余应力来抵消由于工作载荷产生的拉伸应力[33-36]。也就是说滚压压力到达一定值时,滚压压力对材料保持挤压状态,并通过做功的形式转变成残余压应力,一方面可抑制滚压后材料反弹的可能,另一方面提高了零件的疲劳强度。齿面大多数金属表面呈现压应力,从而使塑性变形效果更好,因为压应力使滑移面紧靠在一起以防止裂纹。螺纹齿面从图2-26 可以看到,塑性变形在齿面表层呈现得尤为明显,深度越向里推进,变形越小。当螺栓工作时,承载最大拉应力与基材纤维组织方向一致。承受冲击力时,与螺纹齿面纤维组织相垂直[37]。螺纹滚压成形过程中,伴随着塑性变形的发生,在金属晶粒内会产生滑移、剪切变形、晶

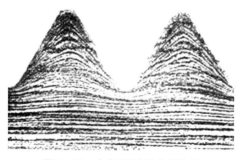

图 2-26　内部材料分布示意图

格歪曲、双晶作用等现象,螺纹牙部的机械性能大大提高[38]。

螺纹冷滚压是一种无切削成型工艺,与切削螺纹不同,它不是通过去除金属来形成所需的轮廓,而是利用材料的塑性,按滚轮拉丝模的镜像形成螺纹。在进行螺纹滚压加工时,滚压模具通过移动母材来将螺纹形状压到工件毛坯中,随着滚轮的压入,形成螺纹根部的材料将从径向和轴向流出,流向牙顶,从而形成完成螺纹。从微观角度讲,在滚压过程中由于滚轮的压力作用,被压金属的原子间距离会暂时发生变动或者发生晶粒间滑移,当外力达到一定数值时,表面金属将会产生弹性变形,同时还有塑性变形。在表层将会出现硬化层,并产生残余应力[39]。

材料的塑性变形被认为只与加载历史有关,与加载速率快慢无关,产生的塑性变形不可恢复,当滚压应力超过屈服点,塑性被激活[40]。

滚压时塑性变形遵循屈服准则、流动准则和强化准则[41]。

1. 屈服准则

常用的屈服准则是 Von Mises 屈服准则,可以表述为:在一定的变形条件下,当受力物体内一点的等效应力达到一定值时,该点就开始进入塑性状态。

Von Mises 屈服准则函数表达式为

$$\bar{\sigma} = \sqrt{\frac{1}{2}\left[(\sigma_1 - \sigma_2)^2 + (\sigma_2 - \sigma_3)^2 + (\sigma_3 - \sigma_1)^2\right]} = \sigma_s \qquad (2\text{-}18)$$

式中　$\sigma_1, \sigma_2, \sigma_3$ ——主应力;

　　　$\bar{\sigma}$ ——等效应力。

Von Mises 屈服准则可以在主应力空间内画出,如图 2-27 所示。

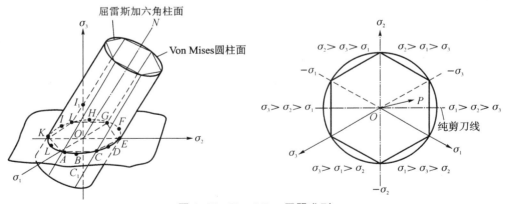

图 2-27　Von Mises 屈服准则

2. 流动准则

流动准则表述的是塑性应变增量与应力间的关系,金属在发生屈服时塑性应变的发展方向。也就是说,流动准则定义了单个塑性应变分量是如何随屈服发展而变化的。对于金属材料而言,塑性流动在垂直于屈服面的方向发展。

3. 强化准则

强化准则描述屈服面如何随塑性变形的增加而变化。强化准则决定如何继续加载或卸载,材料何时再次屈服。最常见的是等向强化模型,屈服面以材料中所作塑性功的大小为基础在尺寸上扩张。对于 Von Mises 屈服准则而言,屈服面在各方向上均匀扩张,如图 2-28 所示。

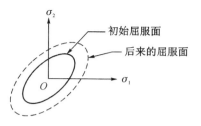

图 2-28 等向强化的屈服面变化图

2.4.2 螺纹滚压强化残余应力的测试方法

孙鑫等人[42]对 A100 钢外螺纹通过超声滚压的方法进行表面强化,并测试了强化前后的残余应力分布。

A100 是一种新型高 Co 二次硬化超高强度钢,类似美国的 AerMet100 钢,以 C、Cr 和 Mo 作为强化元素,具有高断裂韧性和高拉伸强度,属于典型难加工材料,主要用于代替 300 M 等低合金超高强度钢制造飞机关键受力件,其化学成分如表 2-1 所示。

表 2-1 　　　　　　　　　　　　　A100 钢化学成分

C	Co	Ni	Cr	Mo	Si	Mn	Al	Ti	S	P
0.23	13.85	11.73	3.13	1.25	<0.1	<0.1	0.013 5	0.01	0.001	0.006

外螺纹疲劳试件如图 2-29 所示,其外径为 44 mm,长度为 115 mm,单边螺纹长度为 31 mm,螺纹壁厚 3 mm,螺纹规格为 MJ44×1.5—4g6g(图 2-29)。

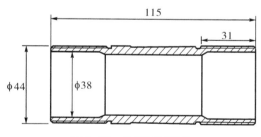

图 2-29 外螺纹试验件

外螺纹超声滚压强化系统主要包括超声电源和滚压强化装置。其中,滚压强化装置包括超声换能器、滚压轮及其支撑紧固部分,具有柔性加载、自适应对刀等特殊功能。超声滚压强化试验在 CA6140 上进行。

滚压轮的材料选用高硬质合金,通过调节 Co,Ti,W 等成分的比例,获得最佳抗弯强度和硬度匹配。滚轮圆弧半径为 0.245 mm,滚轮直径为 25 mm,型面角为 54°。滚轮及强化原理如图 2-30 所示。

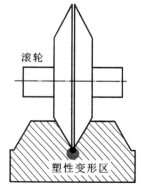

图 2-30 滚压原理示意图

残余应力检测由 X-350A 型 X 射线应力分析仪测定,测试条件为 Cr 靶材,测量方法为侧倾固定法,定峰方法采用半宽高法。

表 2-2 给出了 A100 钢超声滚压与未滚压的螺纹牙底残余应力测试结果。可以看出:挤压前后螺纹牙底表层均呈压应力状态,滚压前牙底最大轴向应力均值为 -302 MPa。超声振动挤压后,牙底最大轴向应力均值为 -523 MPa,比相对挤压强化前提高 73%。

表 2-2　　　　　　　　　　　　　　试件轴向应力测量结果

试验件编号	强化前/MPa	强化后/MPa
1	-300	-520
2	-268	-535
3	-306	-504
4	-310	-556
5	-326	-500
均值	-302	-523

在金属切削加工过程中,切除的金属从钝圆部分流出时,不仅受到刀具对已加工面的挤压作用,还受到工件内部对其抵抗作用,会沿着刀具切削刃方向以及沿着切削方向塑性流动,这时在已加工表面层会发生延展现象。以工件里层的弹性变形为主,并制约着表层的延展,从而使工件表层形成残余压应力,里层形成残余拉应力。因此,强化前,A100 钢牙底表层呈压应力。超声滚压后螺纹件的牙底表面残余应力是由表层金属的塑性变形引起的,且滚压后为塑性压缩,所以螺纹牙底表层产生了较高的残余压应力。

2.5　压印强化

李超等人[43]选用国产 2B25-T351 合金板材,采用压印强化方式进行强化,通过有限元计算与试验相结合的方式研究残余应力场分布,通过疲劳对比试验分析压印强化对疲劳寿命的影响规律,并结合有限元计算获得残余应力及微观组织分析,阐述压印强化强化机理,为该合金板材的工程应用奠定技术基础。

图 2-31 为压印强化有限元模型及网格划分。由于结构对称性,建立 1/4 对称模型,在对称面上进行对称性约束。压印模与试件之间建立面面接触,选用 Lagrange 约束,两接触面没有互相穿透。对压印模施加轴向位移,模拟实际压印强化过程。

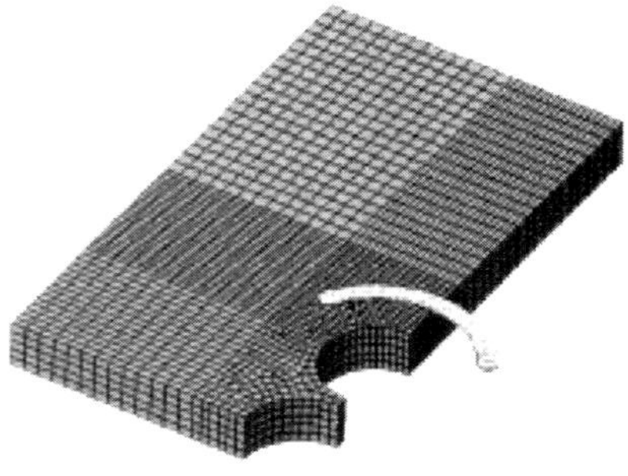

图 2-32 为试样在压印强化后切向残余应力分布。由图 2-32(a)可知,在压印痕附近及孔的两端形

图 2-31　压印强化有限元模型

成了残余压应力,压应力层之外是自平衡的残余拉应力,残余压应力大小约 150 MPa。

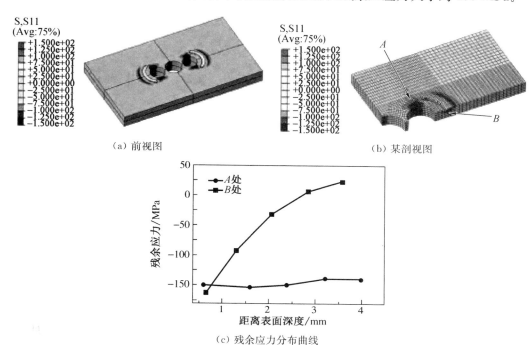

（a）前视图　　　　　　　　　　　　　　（b）某剖视图

（c）残余应力分布曲线

图 2-32　模拟仿真结果

由图 2-32(b)可知,在厚度方向,残余压应力分布有较大差异。A 位置残余应力分布比较集中,贯穿整个试样厚度方向,−150 MPa 左右;而 B 位置,残余应力主要集中在试件浅表层,呈现随着与表面距离的增加,残余压应力逐渐减小的趋势,在试样中心附近已出现拉应力。这种残余应力分布是由压印痕深度及压印痕形状决定的。在压印痕的两端产生了一定的塑性变形,金属向 A 位置进行了少量流动,因此 A 位置产生大量的残余压应力。此外,压印痕深度达到 0.4 mm,压印痕底部金属发生流动,因此在压印痕周围产生残余压应力场,但由于金属流动范围有限,在其他位置出现了自平衡的残余拉应力。

试验材料选用厚 85 mm 的 2B25 铝合金板材,化学成分如表 2-3 所示。

表 2-3　　　　　　　　　　　　**2B25 铝合金的化学成分/wt%**

Cu	Mg	Mn	Ti	Zr	Fe	Si	Al
3.45	1.6	0.8	0.05	0.12	≤0.15	≤0.05	Bal

压印强化采用板片试样,结构如图 2-33 所示,与仿真计算相同。试验所用的压印钳、MTS 810 液压机、压印模如图 2-34 所示,压印深度为0.4 mm±0.05 mm。采用电解抛光方法逐层在 X-350A 型 X 射线衍射应力仪上测定残余应力分布。疲劳试验在 MTS810 疲劳试验机上进行,轴向加载,加载频率 110～130 Hz,最大应力 $\sigma_{max}=$ 200 MPa,应力比 $R=0.1$。

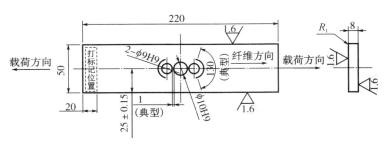

图 2-33 压印强化用疲劳试件

残余应力测试结果如图 2-35 所示,强化后的试件如图 2-36 所示,X-350A 型 A 射线衍射应力仪测量结果与有限元计算结果吻合较好,验证了模型的合理性,存在差异的主要原因可能是 X 射线衍射应力仪对材料表面状态比较敏感,且 2B25 合金材料存在织构。压印强化后试件的平均疲劳寿命为155 169 次,未强化前试件平均疲劳寿命为61 329 次,疲劳寿命提高了 1.53 倍。疲劳寿命的提高是因为在试件表面引入了残余压应力。当零件表面光

图 2-34 试验用压印钳、压印模具

滑无缺陷时,表面残余压应力在交变载荷的作用下起作用。压印强化引入的压应力与零件承受的外加交变应力中的拉应力叠加后,能降低交变载荷中拉应力水平,提高试件的疲劳性能。而强化层与基体交接处的外加拉应力与此处的残余拉应力叠加后使零件实际承受的拉应力增加,处于这种应力状态下的零件,疲劳裂纹源在表面萌生概率减小,萌生于内层次表面的概率大大增加;当交变应力幅值小于残余压应力时,零件表面处于压应力状态,在交变应力水平低于材料的疲劳强度极限的条件下,零件所处的应力状态将阻碍零件表面疲劳裂纹源的萌生,延长疲劳裂纹源的萌生期,提高试件的疲劳寿命。

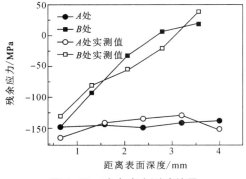

图 2-35 残余应力测试结果

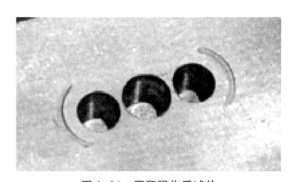

图 2-36 压印强化后试件

当零件表面存在某种缺陷或微裂纹时,在交变载荷作用下,原有缺陷和微裂纹可能成为裂纹源,但只有外加交变载荷中最大拉应力在裂纹尖端引起的应力强度因子幅值 ΔK 达到材料本身的临界应力强度幅值时,裂纹才开始扩展。当压印引入的残余压应力深度超过裂纹深度时,残余压应力能降低外加交变应力的平均值的作用,使试件实际承受的应力强度幅值减小,可能使裂纹的两个面压紧,裂纹闭合,形成非扩展裂纹,提高零件的疲劳寿命;或者减小裂纹的最大应力强度因子幅度,降低裂纹扩展驱动力,从而减缓裂纹的扩展速率,提高零件的疲劳寿命。

2.6 超声冲击强化

2.6.1 超声冲击强化残余应力的形成机理

前面已经提到,超声冲击强化是通过处理部位发生塑性变形而引入残余应力的。其工作原理如图 2-37 所示[44-47],冲击枪中的磁致伸缩换能器将接收的超声频电振动信号转化为同频率的机械振动,再由与换能器连接的变幅杆将振动幅值放大后传递给冲击针,冲击针在变幅杆与试件间来回撞击。当冲击针与试件相接触时,超声频振动能量借助冲击针向试件内部传递,激发的超声频振动和超声频应力波会削弱材料抵抗变形的能力,加快冲击区域表面的塑性流动,这种现象称为超声冲击。

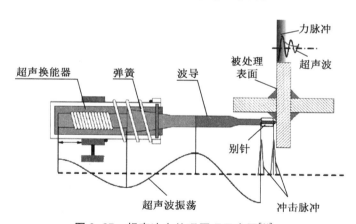

图 2-37 超声冲击处理原理示意图[44]

根据 Statnikov 的冲击力测试结果[45,46],对超声冲击现象机理分析如下。如图 2-38 所示,冲击针每次与试件相接触时都会持续数次超声频振动,然后被弹回。其中 T_{im} 代表一次撞击周期,包括超声冲击持续时间 t_1 和间歇时间 t_2。由试验可知,撞击频率 f_{im} 范围为 $100 \sim 120$ Hz,t_1/T_{im} 范围为 0.1～0.3。当 $f_{im} = 100$ Hz,$t_1/T_{im} = 0.1$ 时,每次冲击持续时间为 1 ms,对于常用高强度钢焊接接头常用的超声频率 $f_{ul} = 27$ kHz,则该时间内会发生约 30 次连续冲击。为了确认超声冲击处理中超声软化效应的机理,Statnikov 分别进行了如图2-39所示的3种拉伸试验[44],图2-40为试验得到的变形与拉伸力曲线。从图2-40可知,相对于正常状态,材料的抗张强度在超声冲击下有明显的降低,仅次于直接传递超声振动的情况,从而验证了超声冲击过程中的软化效应。

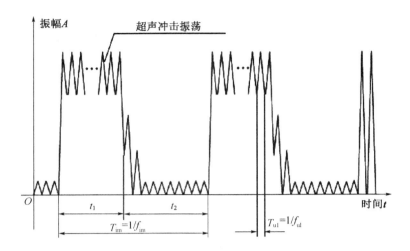

t_1—超声冲击时间;t_2—超声冲击间隔;f_{im}—冲击频率;f_{ul}—超声振荡频率。

图 2-38　超声冲击模型化[44]

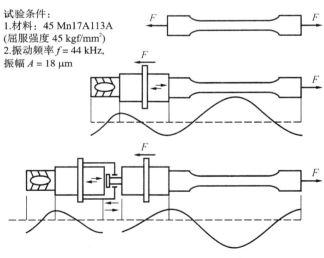

试验条件:
1.材料:45 Mn17A113A
(屈服强度 45 kgf/mm²)
2.振动频率 f = 44 kHz,
振幅 A = 18 μm

图 2-39　超声拉伸试验方案[45]

通过计算冲击头在处理材料塑性变形期间的移动,可以用来分析塑性变形随时间的发展[46],如图 2-41 所示。分析图 2-41 所示的塑性变形结果可知,在持续数百微秒的超声冲击期间,最大塑性变形功出现在冲击头无回弹同步振荡阶段。图 2-41 中还显示了超声波对塑性变形效率的影响。更准确地说,这种波是一种超声应力波,由冲击头在冲击过程中的无回弹振动激发。从图中可以看出,超声波冲击开始时,在与单次冲击脉冲

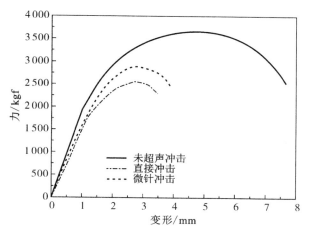

图 2-40　超声拉伸试验结果[45]

的持续时间相当的时间内,形成其饱和区期间的塑性变形的百分比仅为 3.6%;而在冲击头连续超声振荡期间的差不多相同的时间段内,这一百分比大于 78%。

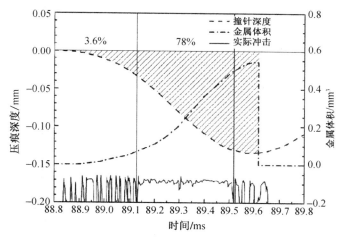

图 2-41　超声冲击过程中的塑性变形[46]

　　这样,超声冲击处理的塑性过程包括了这些效应:微小间隙阶段塑性变形的饱和;无回弹冲击阶段的超声塑性变形和松弛,并伴随着强烈的超声应力波在处理材料中传播;回弹阶段间隙扩大发生连续塑性变形。这些效应叠加在一起,促使处理表面产生较大的塑性变形和残余应力场状态发生改变。

　　超声冲击处理前后,焊缝处理部位残余应力的变化规律如下。在焊接过程中,焊缝金属熔化后随降温冷却凝固产生收缩,而附近的金属阻碍其收缩,结果在焊趾表面附近出现了残余拉应力,又因残余应力的自相平衡性,在接头内部产生了压应力;超声冲击处理过程中,在焊趾区表面形成一定深度的压缩塑性变形层,塑性层因受周围金属的弹性约束而使冲击区域表面产生残余压应力,且该压应力随着深度的增加急剧下降,而后在板厚度中心附近变成拉应力。

2.6.2　超声冲击强化的残余应力测试方法

类似喷丸处理的残余应力测试方法,超声冲击强化的残余应力测试方法主要有有损和无损两种[48]。残余应力的测定推荐采用无损或半无损的残余应力测试方法,如射线法、压痕应变法或钻孔应变法,并按照相应规范操作。由于前面已经给出这些方法的介绍,这里不再详述。

2.7　低塑性抛光

2.7.1　低塑性抛光残余应力的形成机理

所有的机械表面强化(SE)方法都是通过表面机械拉伸变形,形成一层有益的残余压应力场。这些方法的不同之处在于表面的变形方式以及所产生的残余应力,冷作(塑性变形)分布的大小和形式,对于低塑性抛光而言,主要是利用硬球在材料表面进行滚压,从而使表面产生拉伸变形,具体的原理示意图参见图 1-51,通过控制抛光压力、进给率、抛光速度、硬球直径以及滚压次数等工艺参数可以获得理想的残余压应力场。

图 2-42 比较了 IN718 经传统喷丸(强度 8 A,200%)、重力喷丸、激光冲击喷丸(LSP)和低塑性抛光(LPB)产生的残余应力和冷作分布,结果表明不同强化方式下的表面残余应力有可比性,但残余应力场深度却能相差近一个数量级,冷作变形程度也从喷丸处理的 40% 到 LPB 的几个百分点不等[49]。低塑性抛光生成的残余应力场较其他机械表面强化方法有两个特点,一是残余应力场深度大,二是冷作变形程度低,这部分内容的介绍将在 3.7 节中展开。

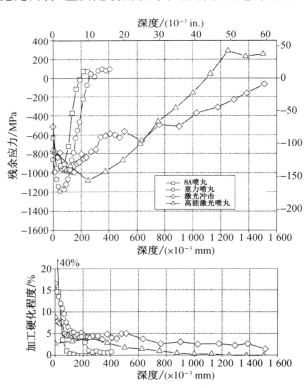

图 2-42　IN718 不同机械表面强化下的残余应力和冷作分布[49]

2.7.2 低塑性抛光残余应力的测试方法

低塑性抛光残余应力测试常采用的方法包括 X 射线衍射法、钻孔法等,而方法的选择主要是依据构件的几何外形以及对有损和无损的要求,关于测试方法的具体介绍详见前述章节,此处不再赘述。

参 考 文 献

[1] 王仁智.喷丸强化技术在我国的发展[J].材料工程,1989(1):4-7.

[2] Kumar H, Singh S, Kumar P. Modified shot peening processes-a review[J]. International Journal of Engineering Sciences & Emerging Technologies, 2013, 5(1): 12-19.

[3] 薛雯娟,刘林森,王开阳,等. 喷丸处理技术的应用及其发展[J]. 材料保护, 2014, 47(5): 46-49.

[4] 王仁智. 金属材料的喷丸强化原理及其强化机理综述[J]. 中国表面工程, 2012, 25(6): 1-9.

[5] 高玉魁. 残余应力基础理论及应用[M]. 上海:上海科学技术出版社, 2019.

[6] 叶璋,王婧辰,陈禹锡,等. 基于二维面探的高温合金 GH4169 残余应力分析[J]. 表面技术, 2016, 45(4): 1-4.

[7] Johnson J N, Rohde R W. Dynamic deformation twinning in shock-loaded iron[J]. Journal of Applied Physics, 1971, 42(11): 4171-4182.

[8] Ballard P, Fournier J, Fabbro R, et al. Residual stresses induced by laser-shocks[J]. Le Journal de Physique IV, 1991, 1(C3): C3-487-C3-494.

[9] Peyre P, Fabbro R, Merrien P, et al. Laser shock processing of aluminium alloys. Application to high cycle fatigue behaviour[J]. Materials Science and Engineering: A, 1996, 210(1-2): 102-113.

[10] Obata M. Effect of laser peening on residual stress and stress corrosion cracking for type 304 stainless steel[C]. Proceedings of 7th International Conference on Shot Peening, 1999: 387.

[11] 熊芴琦. TC4 钛合金激光冲击强化的数值模拟与试验研究[D]. 西安:空军工程大学, 2011.

[12] Gao Y K. Improvement of fatigue property in 7050-T7451 aluminum alloy by laser peening and shot peening [J]. Materials Science and Engineering A, 2011, 528(10-11): 3823-3828.

[13] 方雷. 航空铝合金小孔构件激光冲击强化及残余应力研究[D]. 镇江:江苏大学, 2011.

[14] 陈瑞芳,花银群,蔡兰. 激光冲击波诱发的钢材料残余应力的估算[J]. 中国激光, 2006, 33(2): 278-282.

[15] Kamaraj K, Sathiyanarayanan S, Venkatachari G. Electropolymerised polyaniline films on AA 7075 alloy and its corrosion protection performance[J]. Progress in Organic Coatings, 2009, 64(1): 67-73.

[16] Mert B D，Solmaz R，Kardaş G，et al. Copper/polypyrrole multilayer coating for 7075 aluminum alloy protection[J]. Progress in Organic Coatings，2011，72(4)：748-754.

[17] 刘万民，何拥军，李芝坛，等. 循环伏安法制备掺杂聚苯胺涂层的防腐性研究[J]. 表面技术，2010，39(3)：58-59.

[18] 高玉魁. 喷丸强化对 TC4 钛合金组织结构的影响[J]. 稀有金属材料与工程，2010，39(9)：1536-1539.

[19] 高玉魁. 表面完整性理论与应用[M]. 北京：化学工业出版社，2014.

[20] Amrouche A，Mesmacque G，Garcia S，et al. Cold expansion effect on the initiation and the propagation of the fatigue crack[J]. International Journal of Fatigue，2003，25(9-11)：949-954.

[21] Cathey W H，Grandt A F. Fracture Mechanics Consideration of Residual Stresses Introduced by Coldworking Fastener Holes[J]. Journal of Engineering Materials and Technology，1980，102(1)：85-91.

[22] Aghaie-khafri M，Gozin M H. Cold work simulation of hole expansion process and its effect on crack closure[J]. Iranian Journal of Materials Forming，2014，1(1)：11-23.

[23] Ball D L，Lowry D R. Experimental investigation on the effects of cold expansion of fastener holes [J]. Fatigue & Fracture of Engineering Materials & Structures，1998，21(1)：17-34.

[24] Wang Y，Zhu Y，Hou S，et al. Investigation on fatigue performance of cold expansion holes of 6061-T6 aluminum alloy[J]. International Journal of Fatigue，2017，95：216-228.

[25] Papanikos P，Meguid S A. Elasto-plastic finite-element analysis of the cold expansion of adjacent fastener holes[J]. Journal of Materials Processing Technology，1999，92：424-428.

[26] Özdemir A T，Hermann R. Effect of expansion technique and plate thickness on near-hole residual stresses and fatigue life of cold expanded holes[J]. Journal of Materials Science，1999，34(6)：1243-1252.

[27] Ozdemir A T，Edwards L. Through-thickness residual stress distribution after the cold expansion of fastener holes and its effect on fracturing[J]. Journal of Engineering and Materials Technology，2004，126(1)：129-135.

[28] 薛巍. 带开缝衬套的冷扩孔挤压工艺[J]. 中国高新技术企业，2011(34)：85-88.

[29] Priest M，Poussard C G，Pavier M J，et al. An assessment of residual-stress measurements around cold-worked holes[J]. Experimental Mechanics，1995，35(4)：361-366.

[30] Stefanescu D，Santisteban J R，Edwards L，et al. Residual stress measurement and fatigue crack growth prediction after cold expansion of cracked fastener holes[J]. Journal of Aerospace Engineering，2004，17(3)：91-97.

[31] 黄宏，赵庆云，刘风雷. 孔强化对 7050 铝合金残余应力分布的影响[J]. 航空制造技术，2016，59(19)：80-82.

[32] Knight M J，Brennan F P，Dover W D. Fatigue life improvement of threaded connections by cold rolling[J]. The Journal of Strain Analysis for Engineering Design，2005，40(2)：83-93.

[33] 杨晋，刘艳妍. 基于不旋转工件连接螺纹的滚压方法研究[J]. 中国机械工程，2006(16)：37-40.

[34] 方伟. 滚压活塞杆螺纹用滚丝轮制造技术[J]. 压缩机技术，2000，162：5-8.

［35］陈飞.螺纹冷滚压参数实验研究［D］.太原：太原科技大学，2012.

［36］陈绍志.简析滚压工艺及其应用［J］.现代零部件，2004，5：72-73.

［37］徐仲安，王天保，李常英，等.正交试验法简介［J］.科技情报与经济，2002，12(5)：148-150.

［38］何少华，文竹青，娄涛.实验设计与数据处理［M］.长沙：国防科技大学出版社，2002.

［39］叶军，吴国兴，万符荣，等.数控高效放电铣加工脉冲电源参数正交试验研究［J］.电加工与模具，2011(6)：16-20.

［40］王玉梅.深孔滚压工艺参数及复合滚压工具的研究［D］.济南：山东大学，2008.

［41］俞汉清，陈金德.金属塑性成型原理［M］.北京：机械工业出版社，1999.

［42］孙鑫，张德远，程明龙，等.A100钢外螺纹椭圆超声滚压强化试验研究［J］.航空制造技术，2016，59(3)：77-80.

［43］李超，汝继刚，李慧曲，等.2B25-T351压印强化残余应力场的有限元模拟与实验［J］.塑性工程学报，2014(4)：19-22.

［44］袁奎霖，洪明.超声冲击处理改善焊接接头疲劳性能的数值研究［J］.中国舰船研究，2016，11(5)：91-99.

［45］Statnikov E S，Korolkov O V，Vityaze V N，et al. Physics and mechanism of ultrasonic impact impact［J］. Ultrasonics International，2006，44(1)：533-538.

［46］曾文杰，胡振东，高玉魁.高频机械冲击处理的焊接接头疲劳强度评定［J］.表面技术，2018，47(8)：42-50.

［47］王东坡.改善焊接头疲劳强度超声冲击方法的研究［D］.天津：天津大学，2000.

［48］金属材料 残余应力 超声冲击处理法：GB/T 33163—2016［S］.北京：中国标准出版社，2016.

［49］Prevéy P S. The effect of cold work on the thermal stability of residual compression in surface enhanced IN718［R］. Lambda Research Cincinnati OH，2000.

3　表面形变强化残余应力的特征

3.1　喷丸强化

　　喷丸强化作为一种冷加工工艺,通过大量小球的冲击形成残余应力场。喷丸过程中弹丸流经过喷嘴加速喷射,对靶材表面造成断续的冲击。每接收一次弹丸的冲击,靶材表面便承受一次加载与卸载,可以等价于压-压脉动载荷[1]。在撞击结束后,由于材料内部的自平衡作用,在此脉动载荷作用下表层材料发生了循环塑性变形。经喷丸处理后,靶材表层是否一律发生硬化,往往由材料固有的循环塑性应变特性所决定。如果材料本身具有循环塑性硬化特性,喷丸后表层材料则发生循环应变硬化,即显微硬度增高,表面形成一层压缩残余应力层。残余应力是影响构件众多性能的重要因素,如零部件的静强度、抗疲劳强度、抗应力腐蚀性能,并且会影响最终成件形状尺寸的稳定性。而表层残余压应力能够有效抵消部分零件表面的服役载荷,进而抑制表面微裂纹的产生,最终优化材料的疲劳性能。因此,研究经喷丸强化靶材内部残余应力场的变化规律及梯度分布,对指导航空工业生产中零部件表面改性技术的应用也具有重要意义[2]。

3.1.1　喷丸强化残余应力分布规律

　　不同材料的喷丸强化残余应力场具有类似的分布规律,可以通过表达式进行表征。本节对喷丸强化残余应力场的分布规律和影响因素进行介绍。

　　喷丸强化残余应力沿喷丸深度的典型分布如图 3-1 所示,有 5 个主要参数[3]:

　　(1) σ_{srs} 表面残余应力。

　　(2) σ_{mcrs} 最大压缩残余应力。

　　(3) σ_{mtrs} 最大拉伸残余应力。

　　(4) Z_0 残余应力由压缩变为拉伸所在的深度。

　　(5) Z_m 压缩残余应力最大值所在深度。

　　了解某一种材料在某一特定喷丸工艺下的这 5 个参数是很重要的,如果已知冲击材料与靶材性能,可以通过有限元模拟或实

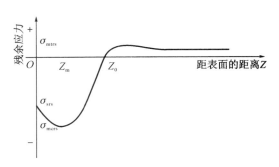

图 3-1　喷丸强化残余应力场典型分布

验研究得到这 5 个参数。下面通过试验研究的方法来介绍这 5 个参数的确定以及 σ_{mcrs} 和材料力学性能之间的关系。

采用 40Cr 钢，试样直径 30 mm，长 50 mm。经过 840℃ 淬火后分别进行不同温度的回火：(A) 200℃，(B) 400℃，(C) 550℃，(D) 650℃，均为 2 h。不同热处理过程后的材料力学性能见表 3-1。

表 3-1　　　　　　　　　　　　　**40Cr 钢试样力学性能**

热处理序号	回火温度	屈服强度 $\sigma_{0.2}$/MPa	抗拉强度 σ_b/MPa	断面收缩 Φ/%	延伸率 δ/%	硬度 /HRC	微观组织
A	200℃	1 420	1 910	20.2	6.2	52	回火马氏体
B	400℃	1 270	1 460	43.4	9.5	45	回火马氏体
C	550℃	980	1 120	50.5	13.7	35	回火马氏体
D	650℃	700	750	67.7	23.4	21	回火马氏体

喷丸过程采用 50～60 HRC 的铸钢喷丸机，不同的热处理和喷丸组合见表 3-2。喷丸强化后的残余应力测试采用 X 射线衍射法。为了确定喷丸凹坑的平均直径用来进行残余应力场分析，在给定的空气压力和喷丸尺寸下进行短时间试验性喷丸，利用显微镜测量 50 个弹坑的直径，并取其平均值 D_d。

表 3-2　　　　　　　　　　　　　**热处理和喷丸工艺**

A121	A123	A126	A131	A132	A133	A141	A142	A143	A161	A163	A166
—	A523	—	A531	A532	A533	A541	A542	A543	—	A563	—
—	—	—	B131	B132	B133	B141	B142	B143	—	—	—
—	—	—	B531	B532	B533	B541	B542	B543	—	—	—
C121	C123	C126	C131	C132	C133	C141	C142	C143	C161	C163	C166
—	C523	—	C531	C532	C533	C541	C542	C543	—	C563	—
—	—	—	D131	D132	—	D141	D142	—	—	—	—
—	—	—	D531	D532	—	D541	D542	—	—	—	—

注意　XDPC——喷丸及热处理组合符号；
　　　X 代表 A，B，C，D——热处理类型；
　　　D 代表 5 或 1——丸粒直径约为 0.5 或 1.10 mm；
　　　P 代表 2～6——喷丸空气压力为 0.2～0.6 MPa；
　　　C 代表 1～6——喷丸覆盖率为 100%～600%。

喷丸强化残余应力场的典型曲线如图 3-2 所示。这些曲线表明，靶材硬度越大，喷丸强化残余应力场越深、越窄。此外，喷丸强化残余应力场的表面值和最大值主要取决于靶材的硬度，而覆盖率和丸粒尺寸几乎只影响喷丸强化残余应力场的宽度。计算得到的残余应力如表 3-3、表 3-4 所示。这些计算结果表明，表面残余应力主要取决于靶材的屈服强度和喷丸工艺,而在不同喷丸条件下,强化残余应力场的最大值基本相同。

为了定量描述不同条件下的残余应力场,研究不同条件下残余应力场的变化规律,可将残余应力场曲线用方程拟合。事实上,5个特征参数决定了曲线的坐标,已知这些参数后很容易画出整个曲线。利用三次方程拟合该曲线并求出特征值。

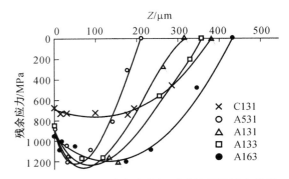

图 3-2　喷丸强化残余应力场测试结果及拟合曲线

表 3-3　　　　　　　　　　　不同热处理和喷丸工艺下的 σ_{mcrs} 值　　　　　　　　　　单位:MPa

100%覆盖率下不同喷丸工艺		0.2			0.3			0.4			0.6		
		1	3	6	1	2	3	1	2	3	1	3	6
A	L	1 241	1 241	1 191	1 257	1 211	1 220	1 230	1 202	1 202	1 195	1 190	1 191
	S	—	1 216	—	1 219	1 204	1 256	1 226	1 161	1 192	—	1 193	—
B	L	—	—	—	1 020	1 024	992	1 026	1 004	1 005	—	—	—
	S	—	—	—	1 046	994	987	1 025	1 003	1 009	—	—	—
C	L	765	749	764	757	743	743	760	776	706	765	789	788
	S	—	736	—	799	767	774	777	758	787	—	773	—
D	L	—	—	—	544	572	—	565	596	—	—	—	—
	S	—	—	—	570	576	—	563	558	—	—	—	—

备注:L——大丸粒,直径为 1.10 mm;S——小丸粒,直径=0.55 mm

表 3-4　　　　　　　　　　　不同热处理和喷丸工艺下的 σ_{srs} 值　　　　　　　　　　单位:MPa

100%覆盖率下不同喷丸工艺		0.2			0.3			0.4			0.6		
		1	3	6	1	2	3	1	2	3	1	3	6
A	L	1040	964	930	942	917	894	879	917	936	953	944	900
	S	—	837	—	897	886	873	892	849	871	—	879	—
B	L	—	—	—	840	838	820	830	862	813	—	—	—
	S	—	—	—	805	779	798	833	854	869	—	—	—
C	L	681	686	678	688	669	623	675	721	754	653	711	707
	S	—	613	—	669	639	630	651	607	733	—	709	—
D	L	—	—	—	498	525	—	498	492	—	—	—	—
	S	—	—	—	441	511	—	527	526	—	—	—	—

备注:L——大丸粒,直径为 1.10 mm;S——小丸粒,直径=0.55 mm

例如组 A,对给定的靶材和特定的喷丸工艺,其最大残余压应力值基本相同,尽管喷丸参数各不同。众所周知,喷丸是一个大量小球撞击的过程,表面层的塑性应变被认为是一种循环应变。在一定喷丸时间后达到一定的强度,该强度为 Almen 值,该表面层经历了循环变形最终达到饱和。当这种饱和发生时,最大残余压应力处也发生循环变形达到饱和,因此最大残余压应力应与饱和循环应力有关。对于一种特定的金属,这个饱和循环应力值是恒定的。所以,取靶材 σ_{mcrs} 的平均值是合理的。最大压缩残余压应力常位于材料的次表层,且和屈服强度 $\sigma_{0.2}$ 相关。通过最小二乘法可得到 σ_{mcrs} 和 $\sigma_{0.2}$ 的关系如下:

$$\sigma_{mcrs} = 0.86\,\sigma_{0.2} - 51 \tag{3-1}$$

根据三次方程,σ_{srs} 值的结果见表 3-4。表面残余应力 σ_{srs} 不为常值,由靶材和喷丸参数决定。从表 3-4 中可以看出,不仅丸粒直径和空气压力会影响表面残余应力的值,表面覆盖率和靶材的力学性能也有影响。尽管有众多的影响因素,主要影响 σ_{srs} 值的是靶材的力学性能。受冲击材料的硬度大,则 σ_{srs} 值更大。所以,可利用最小二乘法建立 σ_{srs} 和靶材屈服强度之间的关系为

$$\sigma_{srs} = 114 + 0.563\,\sigma_{0.2} \tag{3-2}$$

可以看出,给定的组内 σ_{srs} 值的最大变化超过 10%,因此可以根据不同喷丸工艺修改式(3-2)的系数。这个系数和喷丸粒直径、空气压力和覆盖率相关。所以 σ_{srs} 和靶材屈服强度之间的关系可以改为

$$\sigma_{srs} = R(114 + 0.563\,\sigma_{0.2}) \tag{3-3}$$

式中,系数 R 的取值为 0.997~1.13。当喷丸粒直径较大且覆盖率较小时,$R > 1$;反之,$R < 1$。

残余压应力场的深度 Z_0 以及 Z_m 和 σ_{mtrs} 等可以通过数值解析或力学方法进行分析,但由于需要考虑的因素较多,因此建立它们的关系是很困难的。需要综合考虑这些参数,因为喷丸获得残余应力场是一个复杂的过程。

100% 覆盖率的喷丸强化残余应力场的宽度结果 Z_0^1 以及喷丸粒的平均直径 D_d 见表 3-5。随着空气压力、喷丸粒尺寸和靶材的不同,Z_0^1 以及 D_d 会发生变化,但变化趋势相同。为了防止丸粒尺寸的影响,两个无量纲参数 Z_0^1 和 D_d 被定义为

$$Z_0^1 = \frac{Z_0^1}{S} \tag{3-4}$$

$$D_d = \frac{D_d}{S} \tag{3-5}$$

表 3-5   全覆盖率的残余应力场宽度和喷丸凹坑的平均直径

S/mm		1.10				0.55	
P/MPa		0.2	0.3	0.4	0.6	0.3	0.4
热处理代号	A	290/271	315/299	330/310	405/355	210/193	250/211
	B	—	340/314	360/325	—	220/200	245/220
	C	340/308	380/341	405/353	460/405	235/208	270/229
	D	—	425/379	450/390	—	275/232	290/244

S 为喷丸粒的平均直径。根据表 3-5 的值，可得到以下关系式：

$$Z_0^1 = 1.41 D_d - 0.09 \tag{3-6}$$

$$Z_0^1 = 1.41 D_d - 0.09S \tag{3-7}$$

式(3-7)说明 Z_0^1 以及 D_d 之间有线性关系。由于 D_d 随着 S 的增加而增加，该式不意味着大丸粒喷丸导致的残余应力由压缩变为拉伸所在的深度比小丸粒喷丸要窄。

当喷丸覆盖率 C 大于 100% 时，残余压应力场的宽度 Z_0^C 可以根据 Z_0^C/Z_0^1 的比率和 Z_0^1 值进行预估。对于 4 种靶材材料，2 种丸粒尺寸，4 种空气压力和 Z_0^C/Z_0^1 的比率值见表 3-6。根据表格中的数据，可以得到以下关系式：

$$\frac{Z_0^C}{Z_0^1} = 1 + 0.09(C-1)^{0.55} \tag{3-8}$$

表 3-6   覆盖率对残余应力场宽度的影响

覆盖率/%	100	200	300	600
Z_0^C/Z_0^1	1	1.06～1.10	1.11～1.18	1.18～1.24

所以，任何热处理和喷丸组合的残余应力场可表示为

$$Z_0 = Z_0^1 \times \frac{Z_0^C}{Z_0^1} = (1.41 D_d - 0.09S)[1 + 0.09(C-1)^{0.55}] \tag{3-9}$$

式(3-9)综合反映了材料力学性能和喷丸条件对残余应力场宽度的影响。靶材硬度和气压越低，D_d 值越大，残余应力场越宽。并且随着覆盖率的增加，Z_0 的增长比较缓慢。喷丸粒尺寸 S 对 Z_0 有双重影响。一方面，大丸粒的动量和动能大于小丸粒的，大丸粒喷丸引起的残余应力场宽度一定更宽，即大丸粒喷丸后的残余应力场宽度大于小丸粒喷丸时的残余应力场宽度，导致 Z_0 较大；另一方面，丸粒与靶材之间的接触应力随着丸粒直径的增大而减小，Z 有减小的趋势。一般来说，第一个因素是更重要的，Z_0 几乎总是随着丸粒尺寸的增加而增加。式(3-9)恰当地反映了这两种趋势。

最大残余压应力的深度 Z_m 可以通过 Z_0 的值和 Z_m 与 Z_0 的比值来估计。试验结果表明，Z_m 与 Z_0 的比值范围为 0.22～0.35，其均值为 0.28。因此，Z_m 可以近似计算为

$$Z_m \approx 0.28 Z_0 \qquad (3\text{-}10)$$

虽然式(3-10)是试验数据的统计结果,但是足以准确用于工程应用和实验研究。

作者实验室也曾对 TC18 超高强度钛合金喷丸残余压应力场进行表征与分析。TC18 钛合金(Ti-5Al-5Mo-5V-1Cr-1Fe)是一种新型超 $\alpha+\beta$ 两相超高强度钛合金。由于该合金具有高强度、高塑性、淬透性好和可焊接等优点,因此可广泛用于制造飞机结构零件。用 TC18 钛合金来代替 TC4 或高强钢,可使飞机关键零件减重 15%～20%,而且可通过热处理来获得高强度、高塑性与断裂韧性的合理匹配,特别适用于制造大型航空器锻件[4]。

试验用材料为 TC18 钛合金,其化学成分和室温拉伸性能分别如表 3-7 和表 3-8 所示。TC18 钛合金的热处理制度为:840℃,1 h＋ FC＋750℃,1 h＋AC＋600℃,2 h＋AC。对 TC18 钛合金进行双重退火处理获得 $\alpha+\beta$ 双相组织。喷丸强化在气动式喷丸机上进行,弹丸材料为铸钢和玻璃,喷丸强度为 0.15～0.20 N,表面覆盖率为 100%～500%。采用 XRD 和逐层电解抛光,测定 TC18 钛合金经不同喷丸规范处理试样和磨加工试样沿垂直试样表面残余应力的分布。试验在 X-300 型应力分析仪上进行,测定条件为:CoKα,管电压 26 kV,管电流 6 mA,衍射晶面为(114),应力常数为－172 MPa/deg。

表 3-7　　　　　　　　　　TC18 钛合金的化学成分

元素	C	V	Fe	Al	N	H	O	Mo	Cr	Ti
质量比/%	0.021	5.06	0.98	5.10	0.02	0.003	0.15	5.14	0.93	余量

表 3-8　　　　　　　　　　TC18 钛合金的拉伸性能

材料	$\sigma_{0.2}$/MPa	σ_b/MPa	δ/%
TC18	1 172	1 220	17.6

典型的 TC18 钛合金磨加工和喷丸所产生的残余应力场如图 3-3 所示(图中曲线 a 为磨削加工试样应力分布,曲线 b 和曲线 c 为喷丸试样应力分布)。其中,作者归纳了以下 4 个特征参量:表面残余压应力 σ_{srs}、最大残余压应力 σ_{mcrs}、最大残余压应力距表面距离 Z_m 和残余压应力场深度 Z_0。不同喷丸强化规范下的残余压应力场的特征如表 3-9 所示。

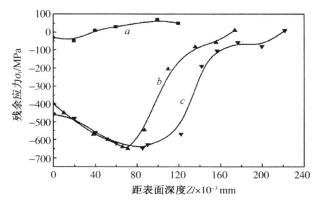

图 3-3　沿垂直于表面残余压应力的分布

表 3-9　　　　　　　　各种喷丸强化规范下残余压应力的特征参数

丸粒类型，尺寸/mm	喷丸强度/N	表面覆盖率/%	表面残余压应力 σ_{srs}/MPa	最大残余压应力 σ_{mcrs}/MPa	最大残余压应力距表面距离 Z_m/μm	残余压应力场深度 Z_0/μm
玻璃 0.2	0.15	200	−300	−610	30	80
玻璃 0.2	0.20	200	−450	−630	45	98
玻璃 0.2	0.25	200	−470	−625	48	105
玻璃 0.2	0.30	200	−480	−650	56	110
玻璃 0.2	0.10	200	−500	−670	50	130
玻璃 0.2	0.15	100	−500	−660	54	118
玻璃 0.2	0.15	200	−518	−640	60	135
玻璃 0.2	0.15	300	−580	−660	70	150
玻璃 0.2	0.15	400	−477	−630	75	204
玻璃 0.2	0.15	500	−460	−665	89	230
钢 0.8	0.15	100	−450	−660	65	172
钢 0.8	0.15	200	−480	−657	73	185
玻璃 0.2	0.20	100	−500	−640	57	150
玻璃 0.2	0.20	200	−564	−660	69	180
玻璃 0.2	0.20	300	−600	−658	80	200
钢 0.8	0.20	100	−496	−660	93	220
钢 0.8	0.20	200	−520	−670	95	260
钢 0.8	0.20	300	−400	−660	100	275
钢 0.8	0.20	400	−360	−658	100	280
钢 0.8	0.20	500	−300	−630	150	300

　　由表 3-3 可知，对于玻璃丸而言，在喷丸时间（正比于表面覆盖率）一定时，表面残余压应力 σ_{srs} 数值随喷丸强度的增加而增加；在喷丸强度一定时，σ_{srs} 起初随喷丸时间（表面覆盖率）的增加而增加，但继续增加喷丸时间（如覆盖率为 400% 和 500% 时），表面残余压应力 σ_{srs} 有所降低。对钢丸来讲也存在类似现象，但无论在哪一种喷丸工艺下，最大残余压应力 σ_{mcrs} 的数值却几乎没有变化，而且随着喷丸强度和喷丸时间的增加，最大残余压应力距表面距离 Z_m 增大，残余压应力场深度 Z_0 也增大。这对改善疲劳性能非常有利。对于表面光洁度较低或表面可能存在较深的微裂纹（如机械划伤、锻造折叠、发纹和

焊接裂纹等)和类裂纹（如非金属夹杂物、疏松和缩孔等）的零件,应采用较高的喷丸强度,以便使最大残余压应力深度大于裂纹或类裂纹的深度,从而使裂纹在交变应力或应力腐蚀条件下不发生或不易发生扩展。

当喷丸工艺参数一定时,喷丸表面残余压应力 σ_{srs} 数值的大小主要取决于材料的晶体类型、屈服强度和拉伸硬化率指数。表面残余压应力 σ_{srs} 随材料的硬化指数增加而增大,具有低的硬化指数的密排六方结构的钛合金,σ_{srs} 的数值一般低于材料的拉伸屈服强度 $\sigma_{0.2}$。

在各种不同的喷丸强化规范下,最大残余压应力 σ_{mcrs} 的大小却几乎没有变化。文献[2]中将疲劳极限看作"广义的屈服强度",这里不妨将最大残余压应力 σ_{mcrs} 也看作"广义的屈服强度"来分析在不同的喷丸强化规范下,最大残余压应力 σ_{mcrs} 的大小保持不变的原因。喷丸是一个弹丸流不断撞击金属材料表面并使材料表层发生循环弹塑性变形的过程,在喷丸的最初阶段表面会依据材料的特性（如硬化指数）发生循环软化或循环硬化,随着喷丸时间的增加,最初发生循环软化的材料将发生循环硬化,当喷丸时间达到饱和或表面覆盖率达到 100% 时,材料的表层循环硬化变形趋于稳定状态,此时最大残余压应力 σ_{mcrs} 数值也将达到定值,以后再增加喷丸时间,只能使表面强化层增加,相应地最大残余压应力向表面下层稍微发生移动,但并不能再增加最大残余压应力 σ_{mcrs} 值。

3.1.2 喷丸强化残余应力场的影响因素

由以上可知,喷丸强化残余应力场的特征参量会随工艺参数变化。在生产实际中,人们往往凭借经验选择喷丸参数,因此缺少对各种喷丸参数下残余应力变化规律的系统研究。本节针对 A100 高强度钢喷丸强化残余应力场,通过改变喷丸工艺中的参数,得到不同喷丸参数对于残余应力场的影响,测量高强度钢试样喷丸后残余应力的分布,得到不同喷丸工艺参数对残余应力场的影响[5]。

A100 高强度钢在航空工业中广泛应用热处理状态为淬火＋低温回火,室温组织为回火马氏体,其力学性能见表 3-10。

表 3-10 用 A100 高强度钢的力学性能

材料	$\sigma_{0.2}/MPa$	σ_b/MPa	$\delta/\%$
A100	1 880	2 000	≥8

利用 X 射线应力仪对高强度钢在不同喷丸参数下喷丸产生的残余应力场进行测量。采用 X3000 型 X 射线应力仪测定喷丸后高强度钢试样的残余应力,用电解抛光法测定残余应力分布。测试时采用 Cr 靶,选用衍射晶面(211),X 光管的管压为 30 kV 和管流为6.7 mA。采用不同的喷丸试验参数进行研究,工程上喷丸强度常常采用 A 类试片测定,因此通常将喷丸强度记为 f_A（A 类试片的弧高度）,具体工艺参数见表 3-11。

表 3-11   喷丸试验工艺参数

试样编号	喷丸时间	弹丸材料	弹丸直径 /mm	喷丸角度 /(°)	喷丸强度 f_A /mmA
1	30 s	铸钢	0.6	90	0.41
2	1 min	铸钢	0.6	90	0.41
3	2 min	铸钢	0.6	90	0.41
4	4 min	铸钢	0.6	90	0.41
5	8 min	铸钢	0.6	90	0.41
6	16 min	铸钢	0.6	90	0.41
7	30 min	铸钢	0.6	90	0.41
8	3 min	铸钢	0.4	90	0.41
9	3 min	铸钢	0.4	90	0.23
10	3 min	铸钢	0.4	90	0.34
11	3 min	铸钢	0.4	90	0.30
12	3 min	铸钢	0.6	90	0.35
13	3 min	铸钢	0.6	90	0.41
14	3 min	铸钢	0.6	90	0.50
15	3 min	铸钢	0.6	90	0.55
16	3 min	陶瓷	0.4	30	0.18
17	3 min	陶瓷	0.4	45	0.18
18	3 min	陶瓷	0.4	60	0.18
19	3 min	陶瓷	0.4	90	0.18
20	3 min + 3 min	铸钢+玻璃	0.6 + 0.3	90 + 90	0.50 + 0.05
21	3 min + 3 min	铸钢+陶瓷	0.6 + 0.4	90 + 90	0.50 + 0.15

对喷丸数据进行整理后发现,不同喷丸参数下喷丸产生的残余应力分布曲线相似,其中以 7 号试样为例,其喷丸后的残余应力场分布如图 3-4 所示。7 号试样的喷丸参数为:铸钢丸直径0.6 mm、喷丸时间 30 min、喷丸强度0.41 mmA。

从图 3-4 中可以推算出以下 4 个特征参数的数值大小:表面残余压应力 σ_{srs},最大残余压应力 σ_{mcrs},最大残余压应力距表面距离 Z_m 和残余压应力场深度 Z_0。

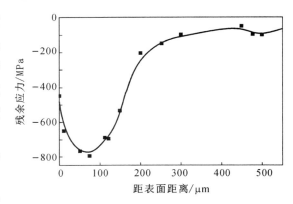

图 3-4   7 号试样喷丸后残余应力分布

在喷丸产生的残余应力场中,表面残余压应力的值并不是最大的,最大残余压应力位于距离表面一定距离处。并且残余压应力场具有一定的梯度关系,在距离表面一定距离处由压应力转变为拉应力。下面对不同喷丸工艺(不同喷丸强度、不同喷丸角度、不同时间、不同材料和尺寸弹丸、二次喷丸）所获得的残余应力场进行分析。

喷丸强度是喷丸工艺中的重要参数之一。高强度钢试样在不同喷丸强度下喷丸残余应力场的特点如图 3-5 所示。从图 3-5 中可以看出,喷丸开始后,随着喷丸强度的增加,表面残余压应力、最大残余压应力、最大残余应力深度和强化深度不断变加。喷丸强度最大时,最大残余压应力、最大残余应力深度和强化深度的值也达到最大。从图 3-5(a)可以看出,喷丸强度为 0.41 mmA 时,表面残余压应力达到最大值,因此只有选择适当的喷丸强度才能获得最大表面残余压应力。

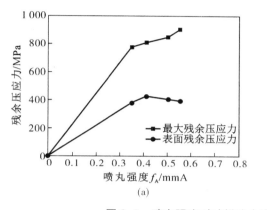
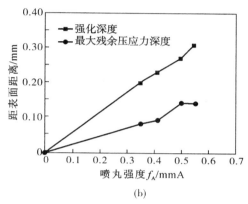

图 3-5 喷丸强度对试样残余应力场及残余应力深度的影响

在喷丸过程中不仅可以垂直喷射试样,也可以通过调整喷嘴的位置而选择不同角度的喷丸。高强度钢试样不同角度喷丸产生的残余应力场的特点如图 3-6 所示。其中喷丸介质为陶瓷丸,16～19 号试样喷丸角度分别为 30°,45°,60°和 90°。经过分析发现,经过不同的角度喷丸后高强度钢试样表面残余压应力和最大残余压应力数值大致相等。随着喷丸角度的增大,最大残余压应力深度和强化深度也不断延伸。当喷丸角度为 90°时,最大残余压应力深度和强化深度达到最大。由于喷丸角度越大,单位时间内喷射到试样表面的弹丸数量越多,因此喷丸强化效果也越明显。

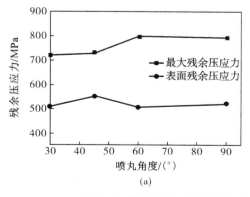
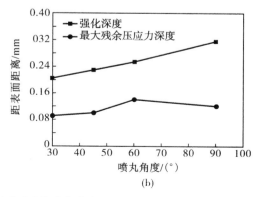

图 3-6 喷丸角度对试样残余应力场(a)及残余应力深度(b)的影响

　　喷丸时间也是喷丸工艺中的一个重要参数。如果喷丸时间过短就不能达到喷丸强化的效果;如果喷丸时间超过喷丸饱和时间,实际喷丸效果也不会有明显的提高,反而浪费了弹丸和时间,增加不必要的经费。高强度钢试样在不同喷丸时间下喷丸产生的残余应力场的特点见图 3-7,图 3-7(a)、(c)为整体发展趋势,图 3-7(b)、(d)为喷丸局部放大的曲线。由图 3-7 可见,喷丸开始后,随着喷丸时间的增加,表面残余压应力不断增大;但是当喷丸时间超过 0.5 min 后,表面残余压应力随着喷丸时间的增大反而减小。最大残余压应力、最大残余压应力深度和强化深度在喷丸开始后随着喷丸时间的增加而延伸;但是当喷丸时间超过 1 min 后,最大残余压应力、最大残余压应力深度和强化深度数值变化不大。当喷丸时间超过 1 min,喷丸强化深度几乎不再发生变化,因此可以推断出高强度钢试样在此喷丸条件下的喷丸饱和时间为 1 min 左右。

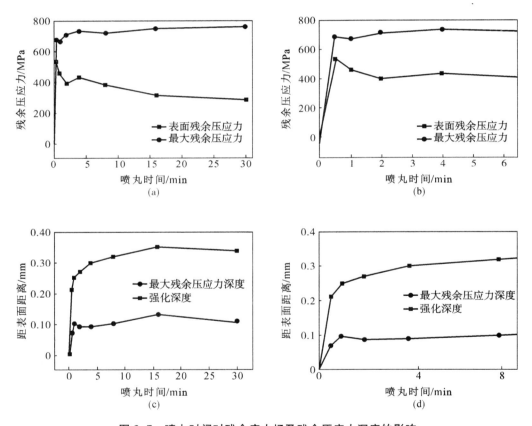

图 3-7　喷丸时间对残余应力场及残余压应力深度的影响

　　喷丸中常用的弹丸材料有铸钢丸、陶瓷丸和玻璃丸,试验中采用的铸钢丸直径大小分别为 0.4 mm 和 0.6 mm。高强度钢试样在不同材料和尺寸弹丸喷丸后残余应力场的特点如表 3-12 所示。其中 9 号、13 号和 19 号试样分别使用 0.4 mm 的铸钢丸、0.6 mm 的铸钢丸以及 0.4 mm 的陶瓷丸弹丸对高强度钢试样进行喷丸处理,其他喷丸参数保持一致。

表 3-12　　　　不同材料和尺寸弹丸喷丸后试样的残余应力及最大残余压应力深度

试样编号	弹丸种类	弹丸直径/mm	表面残余压应力/MPa	最大残余压应力/MPa	强化深度/mm	最大残余压应力深度/mm
9	铸钢丸	0.4	500	795	0.082	0.150
13	铸钢丸	0.6	510	820	0.110	0.230
19	陶瓷丸	0.4	560	780	0.061	0.092

对比表中数据发现,在弹丸直径相同的条件下,相对于陶瓷丸喷丸,使用铸钢丸喷丸产生的最大残余压应力深度、强化深度更大,而表面残余压应力较小;在弹丸材料相同的条件下,大直径弹丸喷丸后产生的最大残余压应力、最大残余压应力深度和强化深度数值更大。大直径铸钢丸喷丸和小直径陶瓷丸喷丸相比较,采用大直径铸钢丸喷丸产生的最大残余压应力、最大残余压应力深度和强化深度更大,但是表面残余压应力较小。

在实际喷丸过程中,可以在第一次喷丸基础上进行使用不同材料、不同直径弹丸的多次喷丸,能够取得良好的效果。本试验采用玻璃丸和陶瓷丸对高强度钢试样进行二次喷丸,二次喷丸后产生的残余应力与第一次喷丸产生的残余应力场的特点如表 3-13 所示。20 号和 21 号试样是在 14 号试样喷丸工艺基础上分别进行了使用玻璃弹丸和陶瓷弹丸为介质的二次喷丸处理。14 号试样喷丸参数为:铸钢弹丸直径 0.6 mm,喷丸时间 3 min,喷丸强度 f_A 为 0.50 mmA。

经过对比表中数据发现,使用玻璃丸和陶瓷丸进行二次喷丸主要提高了高强度钢试样的表面残余压应力,而其他参数几乎没有发生变化。与陶瓷丸相比较,使用玻璃丸进行二次喷丸后的表面残余压应力更大。

表 3-13　　　　试样经二次喷丸后产生的残余应力及最大残余压应力深度

试样编号	弹丸种类	弹丸直径/mm	表面残余压应力/MPa	最大残余压应力/MPa	强化深度/mm	最大残余压应力深度/mm
14	铸钢丸	430	900	0.149	0.26	14
20	铸钢丸＋玻璃丸	600	890	0.147	0.27	20
21	铸钢丸＋陶瓷丸	580	910	0.15	0.28	21

由以上分析得到,对于 A100 材料,喷丸时间超过喷丸饱和时间后,最大残余压应力、最大残余压应力深度和强化深度基本为一定值;大直径弹丸比小直径弹丸喷丸产生的强化深度更深些[5]。最大残余压应力、最大残余压应力深度和强化深度随着喷丸强度的增加而加深。喷丸角度主要影响了单位时间内喷射到试样表面弹丸的数量,喷丸角度越大,强化深度也越大。二次喷丸主要提高了试样表面残余压应力。与陶瓷弹丸相比,使用玻璃弹丸进行二次喷丸产生的表面残余压应力更大。

3.2　激光冲击强化

激光冲击强化过程是激光束穿过棱镜后射向金属表面的吸收涂层,涂层在吸收激光束的能量后产生高压的等离子体,该等离子体在约束层的约束下,产生高强度冲击波,使材料表层产生向两侧的塑性应变。当冲击波结束后,由于材料内部的自平衡作用,在表面形成一层压缩残余应力层[2]。激光冲击强化的残余应力场与喷丸强化残余应力场类似,也可以通过 5 个特征参数来表征。本节将结合有限元方法介绍激光冲击强化残余应力场的分布规律。此外,介绍如何将工艺参数引入残余应力场特征表达式中。在知道工艺参数的情况下就可以得到预估的残余应力场分布,更有利于工程应用[6]。

激光冲击光斑的形状会影响激光冲击后靶材的残余应力场,目前工程上常用的激光冲击光斑有方形与圆形。由于单次激光冲击范围有限,为了完整处理零件的表面,有必要对激光冲击进行搭接。激光冲击强化会在靶材表面产生冲击凹痕,从而使得材料表面变得粗糙。为了获得更光滑的表面,需要尽量保证激光冲击在强化区域的全覆盖。对于方形光斑,搭接率只要略大于 0 就可以保证激光冲击的全覆盖,而对于圆形光斑正方形列阵形式强化,需要搭接率为 30% 以上才能实现激光冲击的全覆盖。在对激光冲击光斑进行搭接时,后一次激光冲击会对前一次激光冲击后形成的残余应力场产生影响[7]。

为了研究激光搭接对 TC4 钛合金的残余应力的影响以及激光冲击残余应力的分布特征,本节结合有限元数值模拟的方法来研究激光搭接冲击后 TC4 钛合金表面的残余应力场,并利用特征参数进行表征。

激光冲击是一个高速、瞬时、高应变率的动态事件,其应变率高达 $10^6 \sim 10^8$ s^{-1}。由于激光冲击时间极短(在几十个纳秒内完成),一般忽略脉冲冲击波的热效应。激光冲击过程十分复杂,因此无法对激光束冲击靶材所产生的压力进行准确计算。目前常用的方法就是将等离子体产生的冲击波以一个均布压力场的形式进行表达。为了对冲击波产生的压强大小进行估算,Fabbro 等进行了一系列的实验和理论推导,提出了靶材表面冲击波峰值压力估算公式:

$$P = 0.01\sqrt{\frac{\alpha}{2\alpha+3}}\sqrt{Z}\sqrt{I_0} \qquad (3\text{-}11)$$

式中　P——冲击波产生的表面压强最大值;

I_0——激光冲击的功率密度;

α——等离子体冲击波的能量转换效率,取 $\alpha=0.3$;

Z——约束层和靶材材料的总阻抗,由式(3-12)决定:

$$\frac{2}{Z} = \frac{1}{Z_{\text{water}}} + \frac{1}{Z_{\text{target}}} \qquad (3\text{-}12)$$

其中水约束层阻抗常数 $Z_{\text{water}} = 1.65 \times 10^5 \text{g/ cm}^2/\text{s}$，靶材 TC4 阻抗 $Z_{\text{TC4}} = 2.75 \times 10^6 \text{g/cm}^2/\text{s}$。由以上参数可以进一步得到靶材表面冲击波峰值压力估算公式：

$$P = 1.61 \sqrt{I_0} \tag{3-13}$$

在激光冲击模拟中，一般将脉冲压力/时间曲线看作一个标准的 Gauss 曲线，并进一步简化为一个左右对称的三角波，如图 3-8 所示。

其中 t_0 表示激光脉冲时长（FWHM），激光冲击影响总时长为 $2t_0$，P 表示压力峰值，由式（3-13）计算得到。在动力冲击载荷下，TC4 的屈服强度会随着应变率的增大而变大。在激光冲击下，TC4 钛合金靶材的应变高达 10^7 s^{-1} 以上。假设 TC4 是各向同性的理想弹塑性材料，则在一维应变条件下，冲击波在半无限大物体中传播时最大弹性极限可以定义为许贡扭弹性

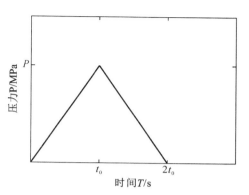

图 3-8　激光冲击压力随时间分布图

极限（HEL）。TC4 钛合金的 HEL 可以通过试验测得，而它的动态屈服强度 σ_y^D 与 HEL 的关系可以通过以下关系得到：

$$\sigma_y^D = HEL \frac{1-2\nu}{1-\nu} \tag{3-14}$$

式中，ν 表示材料泊松比。

试验测得 TC4 钛合金的参数如下：密度 ρ 为 4 400 kg/m³，杨氏模量 E 为 113 GPa，泊松比 ν 为 0.342，许贡扭弹性极限 2.8 GPa。

激光冲击过程是一个应变率高、时间短的动力学冲击过程，因此使用 ABAQUS/Explicit 显式算法进行模拟冲击，过程比较合适。在冲击结束后，靶材需要相对较长的回弹时间使得内部的残余应力场得到稳定，因此 ABAQUS/Standard 隐式算法适用于靶材的卸载回弹分析。在模拟单个圆形光斑或者方形光斑的激光冲击过程时，考虑到光斑的对称性，为了提高计算效率，建立了靶材的 6 mm×6 mm×6 mm 四分之一模型，如图 3-9(a) 所示。图中有限元部分取为 3 mm×3 mm×3 mm 的立方体。方形光斑激光的冲击作用区域取为实际光斑的四分之一，即靶材表面 1 mm×1 mm 方形区域。同理取圆形光斑冲击作用区域为半径 1 mm 的圆的四分之一。在模拟激光冲击光斑搭接下的残余应力，同样考虑光斑对称性，建立 TC4 靶材的 6 mm×2 mm×3 mm 二分之一有限元网格模型，如图 3-9(b) 所示。

为研究 TC4 合金在不同功率密度激光冲击下的残余应力，冲击功率密度分别为 3.47 GW/cm²，4.73 GW/cm²，6.17 GW/cm²，7.81 GW/cm²，其对应的压力峰值分别为 3 GPa，3.5 GPa，4 GPa，4.5 GPa，脉冲时长为 30 ns，圆形光斑半径或者方形光斑 1/2 边长为 1 mm。最终得到方形光斑和圆形光斑的表面残余应力沿冲击半径的分布。

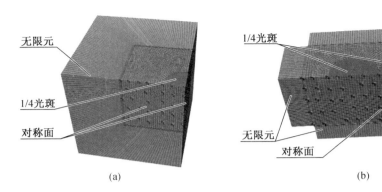

图 3-9　激光冲击网格模型

在推导激光冲击强化残余应力场的表达公式之前,首先提出以下几点假设:

(1) 多种因素会影响 TC4 钛合金激光冲击残余应力场分布,仅考虑压强峰值与脉冲持续时间这两个主要影响参数,所以 5 个参数的表达式中自变量有且仅有这 2 个参数。

(2) 压强峰值 P 和脉冲时长 T 是两个独立的参数,可以用分离变量的方法将二者分开考虑,假设 $Fi(P,T)=Ui(P) \times Vi(T)$ 其中 $Fi(P,T)$ 表示 5 个残余应力场参数,等号右边分别是关于压强峰值 P 的表达式与关于脉冲时长 T 的表达式,通过最小二乘法拟合得到。

(3) 由于模拟的范围有限,所以所推导的公式仅在模拟的范围内有效($2.75 \text{ GPa} \leqslant P \leqslant 5.00 \text{ GPa}, 20 \text{ ns} \leqslant T \leqslant 60 \text{ ns}$)。

选取不同压强峰值和脉冲时长,对圆形光斑冲击下靶材的残余应力场进行模拟,将模拟后的 5 个参数导出,结果如表 3-14、表 3-15 所示。

表 3-14　　　　　圆光斑激光冲击下不同峰值压力残余应力特征参数

FWHM/ns	峰值压力 /GPa	σ_{mcrs} /MPa	σ_{mtrs} /MPa	Z_m /mm	Z_0 /mm	σ_{srs} /MPa
30	2.75	−112.8	15.9	0	0.32	−112.8
	3.00	−175.4	17.6	0	0.36	−175.4
	3.25	−220.6	20.3	0	0.40	−220.6
	3.50	−272.3	24.9	0	0.44	−272.3
	3.75	−316.8	36.7	0	0.50	−316.8
	4.00	−330.6	41.8	0	0.54	−330.6
	4.25	−326.1	42.1	0.05	0.58	−332.1
	4.50	−334.2	40.6	0.10	0.61	−296.8
	4.75	−329.0	44.4	0.15	0.66	−275.7
	5.00	−362.7	50.4	0.20	0.69	−255.4

表 3-15 圆光斑激光冲击下不同脉冲时长残余应力特征参数

峰值压力 /GPa	FWHM /ns	σ_{mcrs} /MPa	σ_{mtrs} /MPa	Z_m /mm	Z_0 /mm	σ_{srs} /MPa
3.5	15	−126.4	12.8	0	0.20	−126.4
	20	−237.0	20.5	0	0.26	−237.0
	25	−254.6	24.8	0	0.34	−254.6
	30	−272.3	24.9	0	0.43	−272.3
	35	−268.9	32.2	0	0.56	−268.9
	40	−227.1	22.8	0.5	0.70	−227.1
	45	−195.1	23.7	0.1	0.80	−183.3
	50	−175.9	23.1	0.15	0.88	−131.4
	55	−178.6	24.0	0.20	0.93	−76.0
	60	−183.0	24.3	0.25	1.05	−42.8

将以上结果用最小二乘法进行拟合,如图 3-10 所示。

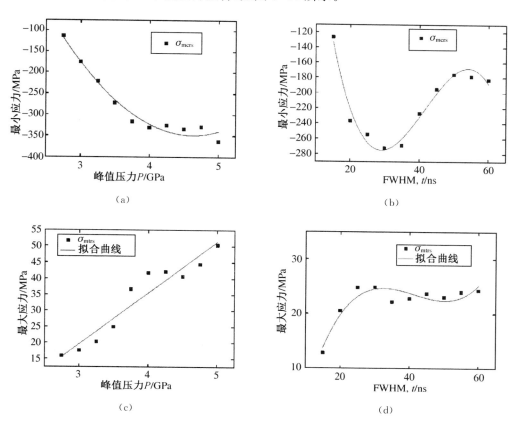

（a）

（b）

（c）

（d）

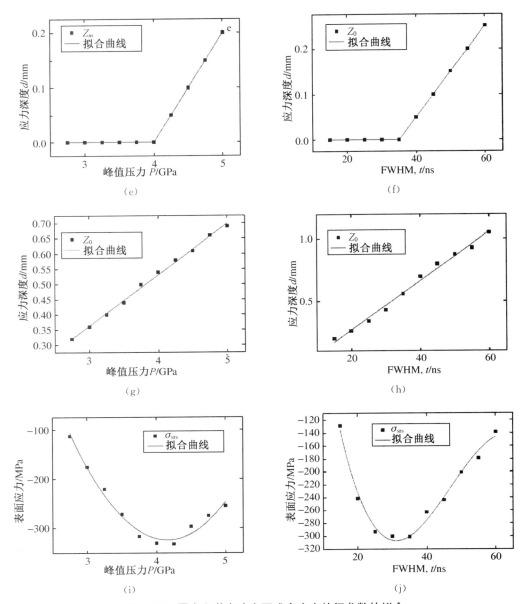

图 3-10　圆光斑激光冲击下残余应力特征参数的拟合

最终可以得到圆形光斑激光冲击下残余应力沿深度方向分布公式：

$$\sigma_{\mathrm{mcrs}} = \frac{(1051 - 605P + 65P^2)(503 - 65T + 1.7T^2 - 0.014T^3)}{272} \quad (3\text{-}15)$$

$$\sigma_{\mathrm{mtrs}} = \frac{(-28 + 16P)(-26 + 4T - 0.1T^2 + 8.1 \times 10^{-4} T^3)}{25} \quad (3\text{-}16)$$

$$Z_{\mathrm{m}} = \begin{cases} 0 & P \cdot T \leqslant 140 \\ (0.8 - 0.2P)(-3.5 + 0.1T) & P \cdot T > 140 \end{cases} \quad (3\text{-}17)$$

$$Z_0 = \frac{(-1.4+1.7P)(-1.3+0.2T)}{44} \tag{3-18}$$

$$\sigma_{srs} = -\frac{(1\,571-912P+110P^2)(454-58T+1.4T^2-0.01T^3)}{272} \tag{3-19}$$

分别选取不同压强峰值和脉冲时长对方形光斑冲击下靶材的残余应力场进行模拟，将模拟后的5个参数导出，结果如表3-16、表3-17所示。

表 3-16　　　　　方光斑激光冲击下不同峰值压力残余应力特征参数

FWHM/ns	峰值压力/GPa	σ_{mcrs}/MPa	σ_{mtrs}/MPa	Z_m/mm	Z_0/mm	σ_{srs}/MPa
30	2.75	−115.9	17.6	0	0.32	−115.9
	3.00	−181.4	14	0	0.36	−181.4
	3.25	−246.1	19.3	0	0.40	−246.1
	3.50	−299.7	24.9	0	0.44	−299.7
	3.75	−342.2	34.8	0	0.49	−342.2
	4.00	−398.4	36.3	0	0.54	−398.4
	4.25	−358.2	47.4	0	0.58	−358.2
	4.50	−391.6	42.5	0	0.63	−391.6
	4.75	−388.1	43.4	0.05	0.68	−368.8
	5.00	−391.1	46.2	0.1	0.72	−356.1

表 3-17　　　　　方光斑激光冲击下不同脉冲时长残余应力特征参数

峰值压力/GPa	FWHM/ns	σ_{mcrs}/MPa	σ_{mtrs}/MPa	Z_m/mm	Z_0/mm	σ_{srs}/MPa
3.5	15	−128.6	12.4	0	0.20	−128.6
	20	−241.5	20.8	0	0.26	−241.5
	25	−293	27.3	0	0.34	−293
	30	−299.7	24.9	0	0.44	−299.7
	35	−300.8	26.9	0	0.57	−300.8
	40	−263.4	23.9	0	0.70	−263.4
	45	−244	18.8	0	0.80	−244
	50	−209.9	23.8	0.05	0.88	−201.3
	55	−197	17.9	0.1	0.97	−179
	60	−198.7	19.4	0.15	0.99	−138.8

拟合曲线如图 3-11 所示：

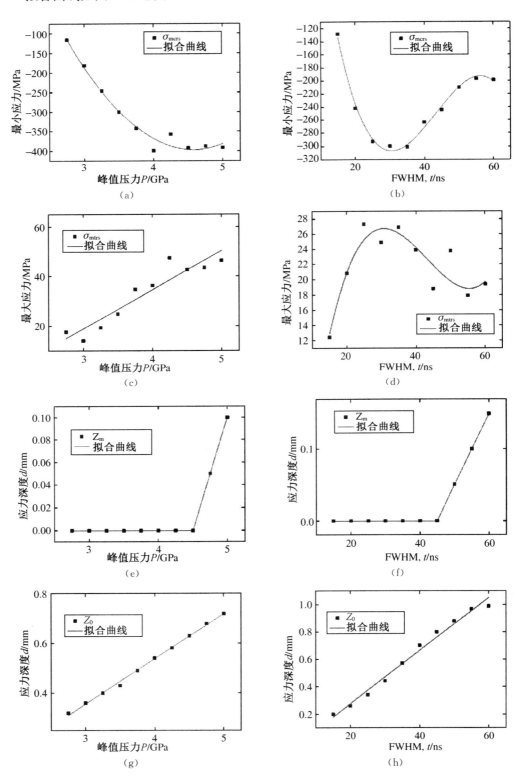

（a）

（b）

（c）

（d）

（e）

（f）

（g）

（h）

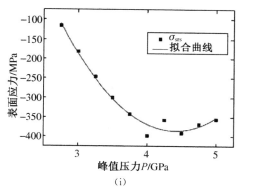 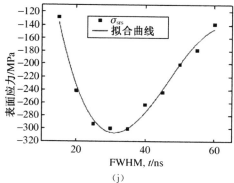

图 3-11 方光斑激光冲击下残余应力特征参数的拟合

最终可以得到方形光斑激光冲击下的残余应力沿深度分布公式：

$$\sigma_{mcrs} = -\frac{(1371 - 773P + 84P^2)(554 - 69T + 1.7T^2 - 0.013T^3)}{300} \qquad (3-20)$$

$$\sigma_{mtrs} = \frac{(-28 + 16P)(-41 + 5.4T - 0.14T^2 + 0.001T^3)}{25} \qquad (3-21)$$

$$Z_m = \begin{cases} 0 & P \cdot T \leqslant 200 \\ (0.9 - 0.2P)(-4.5 + 0.1T) & P \cdot T > 200 \end{cases} \qquad (3-22)$$

$$Z_0 = \frac{(-1.9 + 1.8P)(-1.1 + 0.2T)}{44} \qquad (3-23)$$

$$\sigma_{srs} = -\frac{(1\,553 - 878P + 99P^2)(483 - 60T + 1.5T^2 - 0.01T^3)}{300} \qquad (3-24)$$

分析拟合结果可以发现,随着激光冲击压力峰值的增加,激光冲击残余应力沿深度方向的最大残余应力表现出先变大、后趋向稳定的趋势。当压力峰值不变时,过长的脉冲时长反而会使最大残余应力值下降。在深度方向上的最大残余正应力与最大残余压应力的绝对值呈现一种正相关。不论是增强压力峰值还是增加脉冲时长,都可以使激光冲击产生的残余应力深度增加。因此,在用激光冲击处理 TC4 钛合金零件时,应当选用较高的激光冲击密度和较短的脉冲时长。

通过以上过程,将激光冲击残余应力场与工艺参数进行结合,根据得到的公式可以用于工艺参数与残余应力场预估和反推。

3.3 孔挤压强化

孔挤压强化技术是采用工作直径大于孔直径的挤压芯棒,经充分润滑后从孔中强行通过,使孔壁表层发生弹塑性变形的一种冷加工工艺。通常采用芯棒直接挤压或开缝衬套挤压孔壁的方式对孔进行强化,孔挤压强化后会在孔壁表层形成残余压应力,从而提高带孔制件的疲劳寿命。孔挤压的残余应力分布特征也与喷丸和激光冲击的残余应力场类似,本节主要介绍不同孔挤压工艺对残余应力场特征的影响规律。

采用有限元软件 ANSYS 建立 300M 超高强度钢和 30CrMnSiNi2A 钢孔挤压残余应力场的三维有限元模型,模拟实际的孔挤压过程[8]。300M 超高强度钢含合金元素量少,经济性好,具有较高的比强度和良好的韧性,其热处理制度为 925℃,1 h 正火+700℃,8 h 高温回火+870℃,1 h 油淬+300℃,2 h 空冷+300℃,3 h 空冷。其化学成分和拉伸性能如表 3-18 所示。根据材料的拉伸性能得到单轴应力-应变关系:$\varepsilon = \dfrac{\sigma}{E} + \left(\dfrac{\sigma}{K}\right)^{1/m}$,并分析得到 300M 超高强度钢的一些应力-应变关系,如表 3-19 所示,从而为模拟分析孔挤压强化过程中的弹塑性变形提供了分析数据。300M 超高强度钢经淬火和回火后,显微组织是马氏体和局部存在少数的残留奥氏体。利用 X 射线衍射法对挤压试样的入口端和出口端表面沿孔边向外测定了切向残余应力。采用的 X 光管为 Cr 靶,衍射晶面为(211),入射 X 光的光斑直径为 0.2 mm。

表 3-18 　　　　　　　　　　300M 超高强度钢化学成分和拉伸性能

化学成分/%								力学性能				
C	Si	Mn	Ni	Cr	Mo	V	Fe	σ_b/MPa	$\sigma_{0.2}$/MPa	E/MPa	K/MPa	m
0.4	1.6	0.8	0.8	0.8	0.4	0.08	Bal.	1 945	1 630	199 100	2 500	0.071

表 3-19 　　　　　　　　　　300M 高强度钢的应力-应变关系

ε	0.004 95	0.006 32	0.007 97	0.024	0.038
σ/MPa	985.36	1 265.5	1 471.7	1 850	1 940

对芯棒挤入过程中孔壁附近材料单元受力分析可知,被挤构件不仅在孔壁受到胀孔力的作用,而且在竖直方向受到切向力的作用。那么沿厚度方向构件材料的受力状态和约束程度是不对称的,而且由于挤压时间的不同时性,必然导致沿厚度方向残余应力场分布有明显的变化。因此,为了更加准确评估疲劳寿命的增益以及预测疲劳裂纹的起始和扩展,需建立孔挤压强化的三维模型来模拟孔挤压的工艺过程。考虑到边界效应的影响,同时为了尽量减少计算量,此处采用长 $L=72$ mm,宽 $W=40$ mm,厚度分别取值为 2,3,4,6,8,10 和 20 mm,孔径 $D=8$ mm 的含中心孔的矩形构件。芯棒的过盈量为 4%,即芯棒的最大直径为 8.32 mm,其前锥和后锥长度均为 4 mm,中间部分长 2 mm。由于构件的对称性,取 1/4 对称模型,选用 8 节点四边形单元,且根据厚度的变化合理地划分单元格。通过芯棒和构件、构件和垫片的网格单元,在芯棒表面与孔壁表面、构件下表面和垫片上表面分别生成接触单元,建立面面接触对。该接触对类型为滑动接触,使用 Coulomb 摩擦模型。为了减小摩擦,在接触表面施加润滑措施后的摩擦系数 μ 取 0.1。根据滑动接触的特点,处理接触界面约束的方法选用拉格朗日乘法进行分析,两接触面

没有相互穿透。对芯棒上表面节点施加轴向位移来模拟实际的孔挤压过程。其中厚度$t=10$ mm 的构件孔挤压有限元三维实体模型的网格划分及边界条件如图 3-12 所示。

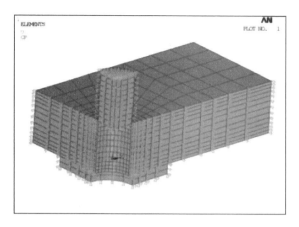

图 3-13 为 300M 超高强度钢在不同厚度($t=2$ mm,4 mm,6 mm,8 mm,10 mm,20 mm)下的构件实体切向残余应力云图。分析表明,残余应力沿厚度方向变化很大,自由表面处的残余应力明显小于中间芯部的残余应力;而沿孔径方向上残余压应力区基本对称,这是

图 3-12 $t=10$ mm 构件孔挤压有限元模型的网格划分及边界条件

由于残余压应力区域相对较小,为了能够沿对称轴平衡会呈现基本对称的现象;仔细观察发现残余压应力在沿长度和宽度方向延伸是会出现表面比内部延伸快的弯弧形状,这是由于表面为自由表面,而内部存在一定的变形约束,从而导致残余压应力沿长度和宽度扩展时要与内部存在的拉应力相平衡。

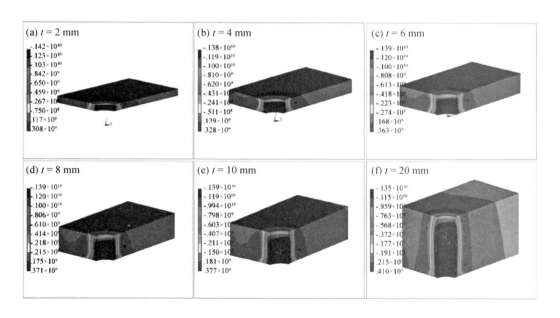

图 3-13 300M 超高强度钢在厚度 t 不同时构件实体残余应力云图

对 300M 超高强度钢沿厚度方向的残余应力云图进一步分析发现,构件残余应力场沿厚度方向的梯度变化程度随材料强度的不同也有所不同。材料的强度增加,残余压应力在表层分布的梯度增加。为了定量分析其残余应力的变化,分别选取 300M 超高强度

钢不同厚度的入口、中部和出口以及 $t=10$ mm 时沿厚度方向的残余应力最小界面残余应力进行分析比较,如图 3-14 所示,其中 x 代表距离孔壁的距离,d 代表孔的半径,h 代表距离入口的距离。

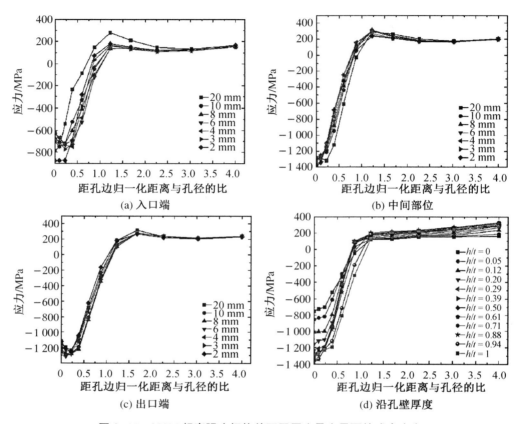

图 3-14　300M 超高强度钢构件不同厚度最小界面的残余应力

通过对比分析图 3-13 和图 3-14 三维模型的不同入口、出口和中部以及 $t=10$ mm时沿厚度方向的最小截面上的残余压应力发现残余压应力在孔边周围沿厚度方向的变化很大,入口最小,出口次之,而中间部位逐步变大,入口大约是中间最大值的 50%;对于 300M 超高强度钢构件残余压应力在中间部位随着厚度的变化不明显,而且在出口处的变化梯度相对于入口处小得多。

为了验证所建立的模型的正确性和计算结果的准确性,利用 X 射线衍射技术测定了厚度为 10 mm、过盈量为 4%、挤压试样的入口端和出口端表面沿孔边径向向外的切向残余应力,测试结果与模拟分析结果的对比如图3-15所示。可以看出,测试结果与模拟分析结果比较吻合,只是入口端的孔边和出口端的近孔边相差略大,因为越靠近孔边,测试所收集到的信号对称性越差,而且由于孔边的塑性变形较严重,衍射峰宽化比较明显,因此测定的结果难免会存在一些误差,本次的测试误差孔边较大,最大误差为 68 MPa,远离孔边处较小,最大误差为 35 MPa。对于出口端,由于挤压时一直受变形约束影响,其弹塑性变形和入口端不同,入口端表面变形不受约束,塑性变形导致残余应力松弛较大,残余应力较小。出口端的近孔边越紧靠孔边,约束越大,因此其残余应力较高,近孔边的残余应力分布梯度也比入口端的残余应力梯度大。

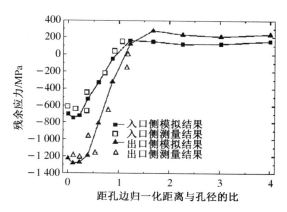

图 3-15 孔挤压强化残余应力测试分析
结果与模拟分析结果的对比

由以上分析可知,300M 超高强度钢孔挤压强化残余压应力沿孔壁厚度分布存在不均匀性,入口处残余压应力最小,出口处次之,而中部的残余压应力较大;孔挤压强化所形成的残余应力场沿厚度方向的梯度变化受厚度大小的影响,材料的厚度越大,残余应力分布的梯度越大。

此外,还分别获得了孔径、过盈量、厚度和孔边距比的变化对孔挤压残余应力场的影响规律。建模过程如上。为了控制变量,在模拟不同孔径的残余应力场时 $L=20$ mm、$t=10$ mm、$CE=4\%$,孔径 D 分别取 4 mm,6 mm,8 mm。取 $D=8$ mm 时构件的切向残余应力云图分布如图 3-16 所示。由图 3-16(a)可以看出,构件孔周围形成残余压应力区,压应力区之外是自平衡的残余拉应力;由图 3-16(b)可知,在孔边附近(约 3 mm 的范围内)残余压应力沿厚度方向发生了很大的变化,随着层深的增加,残余压应力先增大后减小,亦即残余压应力在入口处最小,出口次之,中间部位最大。

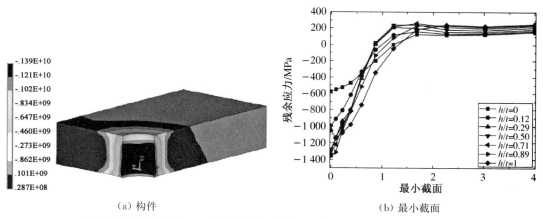

(a) 构件　　　　　　(b) 最小截面

图 3-16 30CrMnSiNi2A 超高强度钢孔挤压强化后的切向残余应力场分布

为了更加确切地分析残余应力的变化规律,下面取 3 个关键层(入口、中层和出口)进行对比分析,并结合孔边沿厚度方向的残余应力分布进一步分析,由图 3-17(a)可知,在入口处,随着孔径的增大,孔周残余压应力增大而最大残余拉应力变化不明显;而对比

图 3-17(b)和图 3-17(c)可知,随着孔径的增大,孔周残余压应力增大的同时最大残余拉应力也明显增大。对比图 3-17 可知随着孔径增大,最大残余压应力增大,且位置下移;随着孔径增大,最大残余拉应力也增大,但位置上移。相比残余拉应力增大的幅度,残余压应力增大的幅度较小。

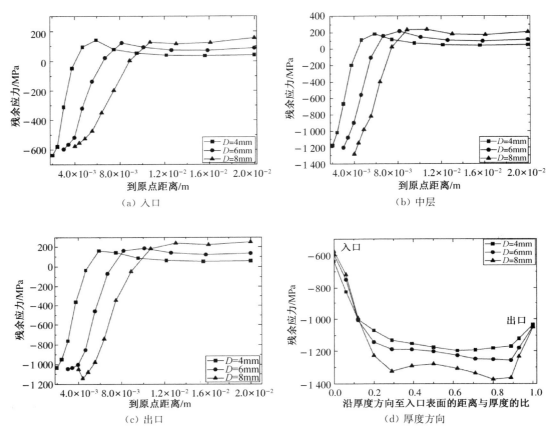

图 3-17　30CrMnSiNi2A 超高强度钢构件三个关键层和沿厚方向不同孔径的切向残余应力比较

过盈量对孔边压应力水平起决定作用,过小的挤压量起不到强化的效果,而过大的挤压量则会对构件造成破坏。选择最优的过盈量对孔挤压强化过程尤为重要,这是因为在选择过盈量时,不仅要考虑有利的残余应力场,还要考虑工艺的影响因素。主要表现:

(1)芯棒所能承受的抗拉或抗剪强度。实践表明,当被挤压的材质硬或构件尺寸超过某种临界状态时,会使挤压力剧增。对于过大孔径孔的挤压,还要考虑如何尽量减小过大的挤压力对局部结构可能造成变形。

(2)挤压力大小对孔壁的损伤。挤压力增大使得孔壁在竖直方向受到切向力增大,从而使孔壁引起磨损,在这些磨损部位会引起局部应力集中,而起不到降低孔壁表面粗糙度的效果。为此,研究不同过盈量对残余应力场的影响至关重要。

为了控制变量,在模拟不同过盈量的残余应力场时 $L = 20\ \mathrm{mm}, t = 10\ \mathrm{mm}, D =$

8 mm,过盈量分别取 $CE=2\%$,4%,6%,8%。图 3-18 为取 3 个关键层(入口、中层和出口)和沿厚度方向不同过盈量残余应力的对比。当过盈量 $CE=2\%$ 时沿厚度方向的残余应力场梯度相比其他过盈量而言不明显,且由于挤压量过小沿孔径方向引入的残余压应力层也较小。对比分析其他 3 种过盈量,随着过盈量的增大,残余压应力的值和沿孔径方向的区域增大且沿厚度方向的梯度越来越明显;在入口和出口处,当 $CE \geqslant 4\%$ 时最大残余压应力沿孔径方向外移。当过盈量较小时,CE 的增大会引起切向残余应力的显著增强。但随着 CE 的增大,过盈量的增量所引起的有利残余应力的增量减小。这是因为材料屈服后较小的力增量就能引起较大的塑性流动变形,故过盈量并不是越大越好。

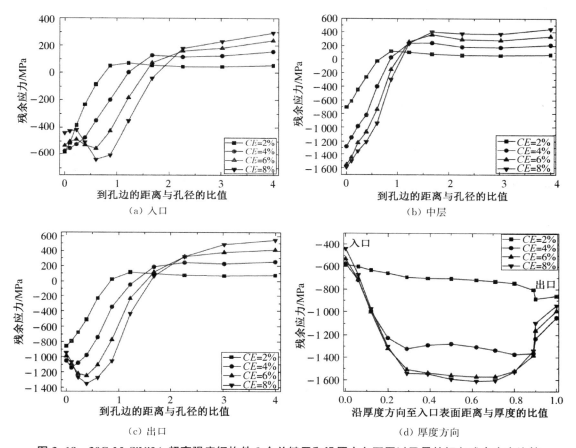

图 3-18 30CrMnSiNi2A 超高强度钢构件 3 个关键层和沿厚方向不同过盈量的切向残余应力比较

根据现有研究可知[9],孔挤压强化后残余应力沿孔径方向分布是不均匀的,且沿厚度方向也不同。这是由于孔挤压过程的本质和该强化过程中所涉及的变形力学问题。目前,现有研究主要内容为建立孔挤压强化的平面应力或应变公式、卸载后由弹性变形或弹塑性变形引起的位移[10],但在三维模型孔挤压残余应力沿厚度的变化研究方面尚显不足,很多影响因素如材料强度、构件厚度等都没有系统的规律性研究。现有研究结果表明,孔挤压强化后的残余应力沿厚度方向的分布是入口表面最小,中间部位最大,这是定性的分布规律。然而对于不同的构件厚度,残余应力在定量上存在差异。虽然可以通过现有的 X 射线等技术测量残余应力,但由于构件本身尺寸较小且现有测量技术不能测量三维孔周残余应力沿厚度的变化[11]。因此需要建立三维有限元模型来分析厚度对残余应力的影响。为了控制变量,在模拟不同厚度的残余应力场时,$L=20$ mm,$CE=4\%$,$D=8$ mm,厚度 t 分别取 2 mm,4 mm,6 mm,8 mm,10 mm,20 mm。图 3-19 为 3 个关键层(入口、中层和出口)不同厚度的残余应力的对比和随构件厚度变化入口表面孔周残余应力的变化。通过分析可知,对于不同厚度,残余应力在出口和中层相差不大[图 3-19(b)、图 3-19(c)],而在入口表面[图 3-19(a)]却有明显差别,且当构件厚度 $t \geqslant 6$ mm时,残余应力沿厚度方向的梯度也更加明显,会呈现入口表面处最小,出口表面处次之,中间最大的现象。分析图 3-19(a)可知,随着厚度的增加,残余压应力在入口表面的孔周处先减小后增大。这是由于当厚度较薄时会引起小挠度弯曲问题[12],故考虑到该因素工程中要求构件一般应大于或等于 3 mm[12]。当厚度较大时,随着厚度的增加,残余应力在入口表面的孔周处增加,这是因为挤压力 P 与孔壁在竖直方向受到的切向力 τ_{rz}

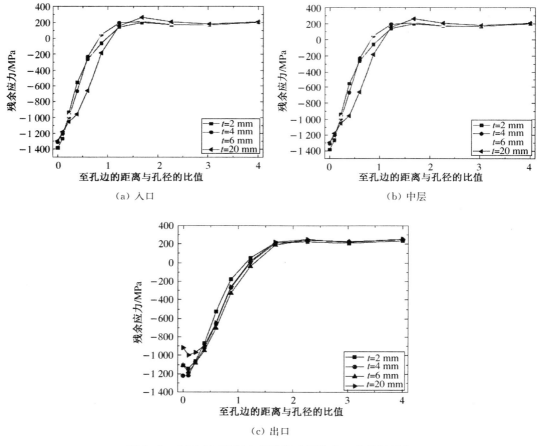

(a) 入口

(b) 中层

(c) 出口

图 3-19　30CrMnSiNi2A 超高强度钢构件 3 个关键层和
入口表面孔周不同过厚度的切向残余应力比较

满足平衡关系：

$$P = 2\pi R \int_0^B \tau_{rz}(z)\,\mathrm{d}z \qquad (3\text{-}25)$$

式中　P——总挤压力；

　　　B——板厚；

　　　τ_{rz}——切向力且正比于摩擦系数×节点力/孔周长，当 τ_{rz} 相等时，挤压力与孔径和厚度的乘积成正比。

孔边距对残余拉应力的大小起重要作用，在现代飞机设计中，确定孔径大小和位置的基本规则是孔边距比 EDR 满足[12]：

$$EDR = \frac{L}{D} \geqslant 2.0 \qquad (3\text{-}26)$$

式中　L——孔中心与沿宽度方向边缘间的距离；

　　　D——孔的直径大小。

在实际工程构件中，边距一般较小，选取孔边距比 EDR 时通常大于或等于 2[12]。但构件因疲劳而产生裂纹时往往为了修复裂纹而引入一个较大的孔，这样会使原来构件的孔边距比小于 2。故有必要通过建立孔挤压的三维有限元模型，分析不同孔边距比对残余应力场的影响。为了控制变量，在模拟不同孔边距比 EDR 的残余应力场时，$CE = 4\%$，$t = 10\text{mm}$，$D = 8\text{mm}$，过盈量分别取 $EDR = 1.4$、1.6、1.8、2。

通过观察图 3-20 中的 30CrMnSiNi2A 超高强度钢构件在不同孔边距比 EDR 情况下 3 个关键层和沿厚度方向的切向残余应力可知：

（1）随着孔边距比 EDR 的减小，残余应力沿厚度方向的梯度没有明显变化。

（2）对残余压应力影响较小，最大残余压应力的值略微增大。

（3）对残余拉应力的影响很大，随着孔边距比 EDR 的减小，最大残余拉应力增加显著，位置也发生了变化，由沿 X 方向转变为沿 Y 方向的边缘，且随着 EDR 的减小，其最大残余拉应力的位置上移。结合图 3-20(d) 中不同孔边距比最小截面上残余应力沿厚度方向的分布可见：随着孔边距比 EDR 的减小，沿孔径方向的残余压应力区扩大。这是因为残余应力场的自平衡性质，沿某一截面在压应力区的压应力积分与拉应力区的拉应力积分相等，如果孔边距离边缘很近，则沿孔边最小截面的拉应力区很小，必然在孔边引起较大的残余拉应力。

通过建立 30CrMnSiNi2A 超高强度钢构件的三维孔挤压模型来分别模拟构件孔径、过盈量、厚度和孔边距对残余应力场的影响规律，得到以下结论：①随着孔径的增大，在入口处孔周残余压应力增大而最大残余拉应力变化不明显；而在中层和出口孔周残余压应力增大的同时最大残余拉应力也明显增大。相比残余拉应力增大的幅度，残余压应力增大的幅度较小。②随着过盈量的增大，残余压应力的值和沿孔径方向的区域增大且沿

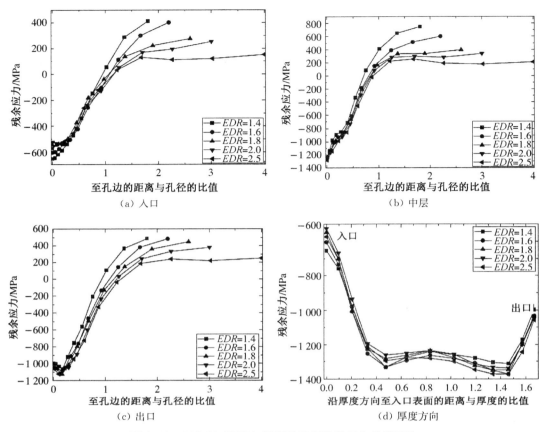

图 3-20　30CrMnSiNi2A 超高强度钢构件三个关键层和
沿厚方向不同孔边距比的切向残余应力比较

厚度方向的梯度越来越明显；在入口和出口处，当 $CE \geqslant 4\%$ 时最大残余压应力沿孔径方向外移，但随着 CE 的增大，过盈量的增量所引起的有利残余应力的增量减小，过盈量并不是越大越好。③对于不同厚度，残余应力在出口和中层相差不大，而在入口表面却有明显差别，且当构件厚度 $t \geqslant 6$ mm 时，残余应力沿厚度方向的梯度也更加明显，会呈现入口表面处最小，出口次之，中间最大的现象。随着厚度的增加，残余压应力在入口表面的孔周处先减小后增大，故工程中要求构件一般应大于或等于 3 mm。④孔边距比 EDR 的减小，对残余压应力影响较小，而对残余拉应力的影响很大。随着孔边距比 EDR 的减小，最大残余拉应力增加显著，沿孔径方向的残余压应力区扩大。

3.4　螺纹滚压强化

螺纹滚压是一种无切削加工方法，它需要有一套带有螺纹的模具，并使金属通过转移产生外螺纹。滚压螺纹要优于切削螺纹，其主要原因是它能够节约成本，并提高材料利用率，滚压螺纹逐渐成为一种具有竞争优势的加工方法。对于螺纹滚压的残余应力特征研究,程明龙等人[13]基于有限元分析的滚压参数优化方法,对滚轮参数进行优化,得到了螺纹滚压工艺参数对残余应力的影响,对螺纹滚压工艺与工程应用有很重要的作用。

程明龙等人将螺纹结构简化为具有相同截面轮廓的平行沟槽,如图 3-21 所示。模型总体尺寸为 6 mm×6 mm×4.02 mm,螺纹尺寸为:螺距 1.5 mm,螺纹高度 0.88 mm,螺纹牙底圆弧半径 0.245 mm。采用 ABAQUS /standard 模块进行有限元模型分析计算。前处理时将滚压轮设定为刚体并对螺纹牙底局部区域做网格细化。模型网格划分后效果如图 3-21(b)所示。研究对象材料为 A100 超高强度钢,其力学参数通过拉伸试验测得:弹性模量 $E=195$ GPa,屈服强度 $\sigma_y=1\,734$ MPa,泊松比 $\nu=0.3$。图 3-22 为数值模拟和试验测得的加工硬化对比结果。可以看出,滚压后螺纹牙底材料沿深度方向发生了严重的塑性变形,塑性应变量从表层向内部逐渐减小,并在层深 650 μm 位置塑性应变减小为 0,这说明滚压后螺纹牙底发生了明显的加工硬化现象,且最大硬化层深为650 μm。实验测试与模拟结果十分相近,最大误差为 8%,证实了该有限元模型的准确性。

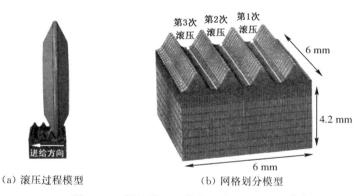

（a）滚压过程模型　　　　（b）网格划分模型

图 3-21　螺纹滚压工艺的三维有限元模型[13]

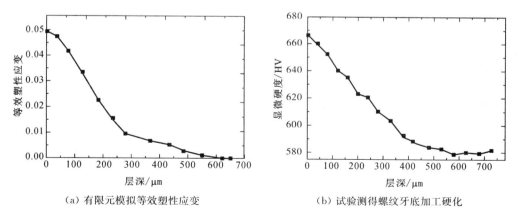

（a）有限元模拟等效塑性应变　　　　（b）试验测得螺纹牙底加工硬化

图 3-22　加工硬化仿真与试验结果对比[13]

为了研究残余应力场的特征,用来指导工程应用中滚轮几何参数的优化设计,程明龙等人还着重研究了滚轮型面夹角、滚轮直径、型面圆弧半径等关键参数对残余应力的影响规律。

在滚压力 $F=1\,800$ N,滚轮直径 $D=25$ mm,滚轮型面圆弧半径 $r=0.245$ mm 的条件下,滚轮型面夹角 θ 取不同值时,滚压后螺纹牙底残余应力场如图 3-23 所示。螺纹滚压的残余应力特征与喷丸强化、激光冲击强化、孔挤压强化类似。其层深受滚轮型面夹角影响较大,随滚轮型面夹角的减小,残余压应力层深 Z_0 逐渐增加。当滚轮型面夹角小于 $54°$ 时,残余压应力层基本不发生变化。

在滚压力 $F=1\,800$ N,滚轮型面夹角 $\theta=54°$,滚轮型面圆弧半径 $r=0.245$ mm 的条件下,当滚轮直径 D 取不同值时,滚压后螺纹牙底残余应力分布如图 3-24 所示。最大压应力和压应力层深受滚轮直径影响较大。在整个取值范围内,随滚轮直径的减小,最大残余压应力 Z_0 和残余应力层深 Z_0 均明显增大。在直径>25 mm 时,表面残余压应力 σ_{srs} 随直径的改变其值变化不太明显。当直径<25 mm 时,随滚轮直径的进一步减小,表面残余压应力 σ_{srs} 开始随之减小。

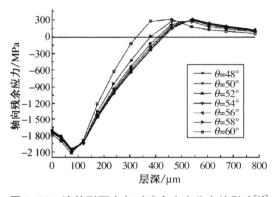

图 3-23 滚轮型面夹角对残余应力分布的影响[13]

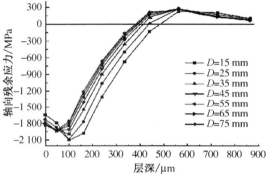

图 3-24 滚轮直径对残余应力分布的影响[13]

在滚压力 $F=1\,800$ N,滚轮直径 $D=25$ mm,滚轮型面夹角 $\theta=54°$的条件下,滚轮型面圆弧半径 R 取不同值时,滚压后螺纹牙底残余应力分布如图 3-25 所示。相比滚轮直径、型面夹角,滚轮型面圆弧半径对残余应力分布的影响更大且更复杂。在型面圆弧半径的整个取值范围内,随圆弧半径的增大,表面残余压应力和最大残余压应力均随之增大。残余压应力层深在部分取值范围受型面圆弧半径影响较大。从图中也可以看出,当型面圆弧半径小于 0.245 mm(螺纹圆弧半径)时,Z_0 随型面圆弧半径的增加变化不大;当型面圆弧半径大于 0.245 mm 时,Z_0 的值随型面圆弧取值的增大而减小。

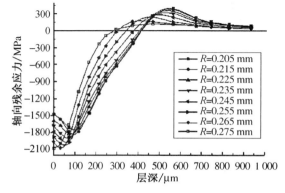

图 3-25 滚轮型面圆弧半径对残余应力分布的影响[13]

3.5　压印强化

压印强化是一种冷加工工艺[14]，用于在孔的表面上产生压缩切向应力。通过非线性有限元分析(FEA)模拟了 24 mm 厚的铝板在压印强化过程中应力-应变的演化。数值模拟研究了不同参数对孔附近和孔表面残余切向应力的影响。这些参数分别是压印深度、心轴直径、摩擦系数、板尺寸以及有限元分析中的近似水平。研究发现上述 3 个参数是控制残余应力的关键参数。通过在包含直径为 27 mm 的孔的铝板上使用电阻应变仪进行实验，以验证计算结果。在孔表面测量和有限元计算的残余切向以及轴向应变之间获得了良好的一致性。本研究有两个目的：

（1）通过有限元分析来模拟压印强化过程中板中应力-应变的累积，以及确定控制残余应力状态的主要参数。图 3-26 中示意性地显示了此处研究的压印过程。将需要进行压印强化的板放置在两个压在一起的钢心轴之间。本研究中使用的板材是两种不同的回火铝合金，即 AA6082-T6 和退火后的 AA6082。

（2）在有限元模拟中，定量分析了板尺寸、压印深度、心轴直径、心轴与板之间的摩擦系数以及 FE 模型中的近似水平对板中残余应力状态的影响。

本研究中的模型具有简单的几何形状：圆形板的中心孔部分被两个圆形曼陀螺覆盖，如图 3-27 所示。由于轴向对称性，该模型可以视为二维模型，从而极大地减小了单元数量。模型采用八节点缩减积分单元。轴对称元素提供了在切向方向上覆盖 1 个弧度的结构的一部分刚度。板和载荷也具有对称的水平面，因此，使用适当的边界条件，只需研究一半模型。图 3-27 显示了轴向对称有限元模型以及所使用的边界条件。摩擦系数的大小取自 Ogeman 中描述的实验。在平衡方程中使用完整的 Newton-Raphson 迭代，在接触面的每个载荷步骤的末尾建立力平衡。

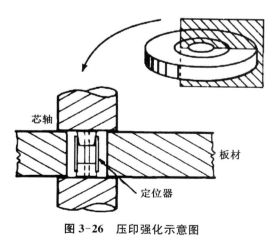

图 3-26　压印强化示意图

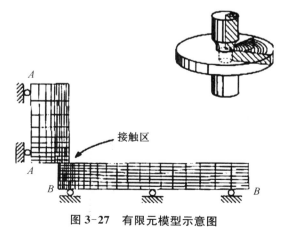

图 3-27　有限元模型示意图

有限元模拟结果分别如图 3-28—图 3-30 所示。

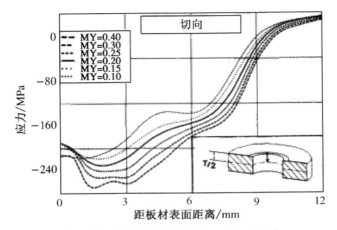

图 3-28　摩擦系数对切向残余应力的影响

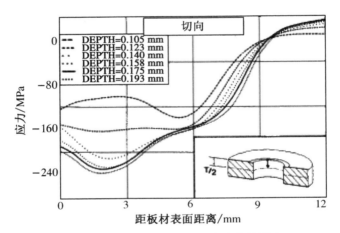

图 3-29　压印深度对切向残余应力的影响

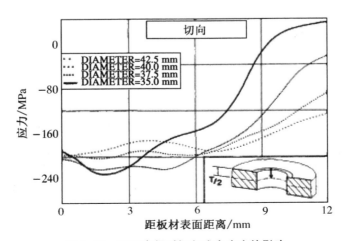

图 3-30　压环直径对切向残余应力的影响

研究结果表明,摩擦系数、压印深度和压环直径等参数均会对残余应力产生重要影响,因此需要严格控制工艺参数域,以此来调控残余应力分布,从而有效改善零部件的服役寿命。

3.6 超声冲击强化

3.6.1 超声冲击强化残余应力分布规律

焊接残余应力在焊接过程中不可避免,而拉伸残余应力对焊接结构的断裂行为和疲劳性能有不利影响。对于未处理的焊接接头,其拉伸残余应力数值通常达到材料屈服强度的级别,其影响跨越了尺度的整个范围,从亚微米级的显微应力到全结构尺寸的宏观应力,这直接导致未处理焊接接头的疲劳强度设计值非常低。因此采用超声冲击处理焊缝,降低残余拉伸应力,是提升焊接接头强度的有效手段。

由于焊缝的几何外形的原因,疲劳裂纹通常萌生于焊趾处,因此垂直焊缝方向的横向残余应力是影响接头疲劳裂纹扩展及疲劳寿命的主要因素之一。图 3-21 为超声冲击前后焊趾附近横向残余应力云图对比[15],可以看到,焊趾处的焊接残余拉应力在超声冲击处理后转变为了残余压应力。图 3-32 为超声冲击处理前后焊趾处沿板厚方向横向残余应力的计算结果与实测结果的对比,可以看出计算和实测吻合较好。

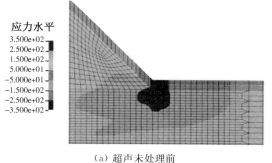
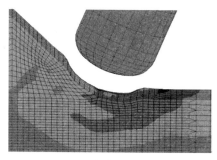

应力水平
3.500e+02
2.500e+02
1.500e+02
5.000e+01
−5.000e+01
−1.500e+02
−2.500e+02
−3.500e+02

（a）超声未处理前 　　　　　　　　　　（b）超声处理后

图 3-31　横向残余应力云图[15]

赵小辉等[16]使用 X 射线衍射法,对 TC4 钛合金焊接接头在非承载超声冲击及承载超声冲击处理前后的焊趾区表层残余应力进行了测定及分析。结果显示,钛合金焊接接头的焊趾区表面横向最大拉伸残余应力为 560 MPa,而非承载超声冲击处理后转变为压缩残余应力,数值为−600 MPa 左右,承载超声冲击处理后为−610 MPa 左右。可见,无论钛合金经过非承载超声冲击还是承载超声冲击处理,其接头焊趾区表面残余应力的方向均发生由拉伸向压缩的转变,并且两种冲击方式可以获得相同程度的表面压缩应力。但是经过非承载超声冲击处理后,钛合金试样的疲劳性能比承载冲击低很多,这是因为

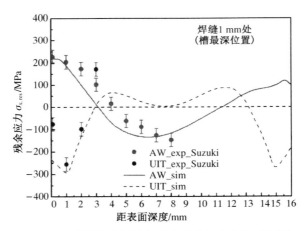

图 3-32　计算和实测横向残余应力深度分布对比[15]

焊接接头疲劳性能的改善效果取决于所加外静载与超声冲击形成的表面压缩应力叠加后的数值。对于非承载超声冲击试件,超声冲击引起的表面压缩应力与拉伸静载(两个相反的力)叠加后形成的最终压缩应力较小,甚至在焊趾区表面仍表现为拉应力。

对于承载超声冲击,冲击前所施加的拉伸载荷随着承载冲击的不断进行,最终在接头焊趾区表面仍然会产生接近屈服强度的表面残余压应力,这个应力也是试件最终所承受的真实工作静应力。在承载冲击条件下,外交变动荷载叠加在焊趾区表面较大残余压缩应力之上,甚至最大应力仍为压缩应力,此时虽然试件内部承受较大的内应力,但是内部没有应力集中,不会影响整个接头的疲劳性能。这正是承载超声冲击的疲劳性能优于非承载超声冲击疲劳性能的原因。

邓彩艳、王东坡等[17]模拟了在超声冲击作用下,不同强度等级钢的对接接头沿厚度方向的残余应力分布及其与外载荷的叠加作用,如图 3-33 所示。通过对比发现,对于未处理的接头,最大应力出现在焊趾表面,最小应力出现在距离表面一定深度(δ)处;结果超声冲击处理的接头,由于引入了较大的残余压应力,其应力分布与未超声处理的情况有较大差异;而且,不同材料的应力分布也不同,这可能是由于不同材料的屈服强度不同引起:随着材料屈服强度增加,超声冲击处理后的最大残余压应力也越靠近焊趾表面。

邓彩艳等[18]采用有限元软件对 20 号钢(屈服强度 270 MPa)的 T 形管接头进行了超声冲击模拟,其模拟结果与 X 射线衍射法的测量结果符合较好。在承载前和承载后这两种冲击情况下,T 形管沿冲击方向的残余应力分布如图 3-34 所示。

由图 3-34 可知,非承载冲击后表面压应力值约为 65 MPa;最大压缩应力值约为180 MPa,出现在距表面 0.15 mm 处,压应力层深度为 0.76 mm;受承载冲击后其表面压应力值约为 100 MPa;最大压缩应力值约为 380 MPa,出现在距表面 0.25 mm 处;压应力层深度为 1.22 mm。在相同冲击速度和冲击针质量条件下,受承载超声冲击会产生更大的压应力值和压应力深度。

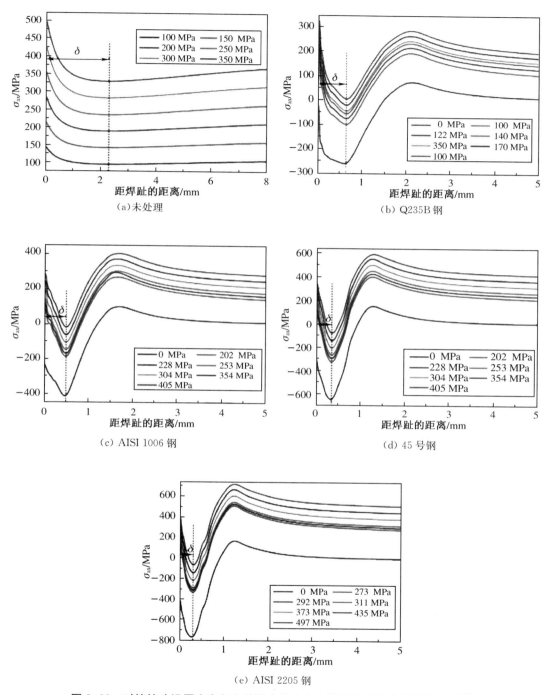

图 3-33　对接接头沿厚度方向上的残余应力分布及其与外载荷的叠加作用[17]

图 3-35 给出了超声冲击处理高强度铝合金（6005A-T6）对接接头的残余应力测量结果[19]。从图中可以看出，超声冲击在纵向和横向表面都产生了较高的压缩残余应力。

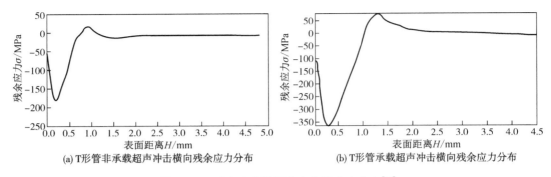

(a) T形管非承载超声冲击横向残余应力分布　　(b) T形管承载超声冲击横向残余应力分布

图 3-34　残余应力沿深度方向的应力分布[18]

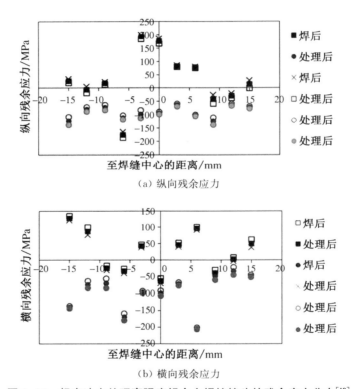

（a）纵向残余应力

（b）横向残余应力

图 3-35　超声冲击处理高强度铝合金焊接接头的残余应力分布[19]

　　所以,在以焊趾为中心的一定区域内的焊接接头表面,超声冲击处理能够产生残余压缩应力场和一定深度的塑性变形区,而残余压缩应力的存在能够显著提高焊接接头的疲劳寿命。在低应力水平、非承载时,表面层金属强烈塑性变形产生的压缩应力与外加载荷叠加,焊趾区表面压缩应力一部分被松弛,对改善疲劳寿命仍有较大作用,随着应力水平的提高,残余应力进一步被释放,超声冲击处理的焊趾区残余压缩应力数值上减小,疲劳寿命改善程度减小;承载冲击时,施加静载荷后再进行冲击,无论是在高应力水平还是在低应力水平下,其接头焊趾区域应力均为接近屈服强度的残余压缩应力,在随后的动载作用下试件在高、低应力水平下表现出不同的疲劳寿命,承载超声冲击处理在高、低应力水平下都可以显著提高试件的疲劳性能。

3.6.2 超声冲击强化残余应力的影响因素

超声冲击处理在焊趾区形成表面压应力的大小和改善疲劳强度的效果,与被处理焊接接头的母材静强度有一定的相关性[20, 21]。在一定的范围内随着母材静强度的提高,超声冲击处理提高焊接接头疲劳强度的效果越来越好,同时表面压缩残余应力、改善焊趾几何外形的作用也越大。

在前面介绍超声冲击工艺中指出,为建立合理的超声冲击处理残余应力场,应采用适合于待处理材料和结构最佳的处理工艺参数。超声冲击处理工艺参数包括振幅、冲击针直径、处理遍数、处理速度、冲击针末端形状、施加压力等。各工艺参数之间是相互影响的,其中振幅、冲击针直径是最主要的工艺参数。在振幅、冲击针直径确定的情况下,其他工艺参数的范围也大致确定。一般来讲,要求的塑性变形层大或较深的残余压缩应力深度,则应振幅偏大;所处理材料的屈服强度越高,则应振幅加大、冲击针直径减小、处理遍数增多、处理速度减慢、冲击针末端半径减小、施加压力加大。

为了保证压缩残余应力场的作用,超声冲击处理后还需要注意一些事项[22, 23]。处理后的结构在使用中如果承受压缩载荷,冲击效果会减弱;处理后的结构在使用中受到高值拉伸载荷作用,冲击效果也会减弱。但如在结构承载后再实施超声冲击处理,冲击效果会更好。因此,对于使用过程中恒载较大的结构,建议在恒载施加后进行现场超声冲击处理。超声冲击处理之后,不应再采取像热处理、热浴镀锌、预过载等能释放压缩残余应力的措施。

3.7 低塑性抛光

3.7.1 低塑性抛光残余应力分布规律

低塑性抛光引入的残余应力场有两大特点,一是最大残余压应力数值大,二是残余应力场深度深。与喷丸强化引入的残余应力场进行对比,进一步阐述低塑性抛光残余应力的分布特点,依旧以航空制造领域中常用的 IN718 为例,低塑性抛光所引入的残余压应力场深度可达到 1 mm,在 0.25 mm 处的残余压应力接近 1 100 MPa,对应的冷作变形仅为 5%,而喷丸强化的残余压应力场深度低于 0.25 mm,冷作变形却高达 60%,如图 3-36 所示。此外,低塑性抛光所引入的残余应力场有更好的热稳定性,在经历 100 h 的高温后,低塑性抛光引入的残余压应力基本保持不变,而喷丸强化引入的残余压应力却出现了热松弛现象[24]。

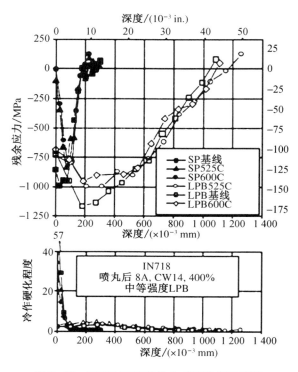

图 3-36　IN718 不同强化方式下室温及高温
的残余应力场分布规律[24]

借助有限元软件还可以进一步对低塑性抛光过程中残余应力的分布及变化情况进行研究,图 3-37 为 AL 2024-T351 材料在压入深度等于 0.3 mm 时的应力云图（X 方向）[25]。结合图 3-38 的残余应力分布情况可以更直观地发现在低塑性抛光首尾阶段,残余应力数值的变化相对剧烈,而中间段则基本保持稳定;不同深度下 X 方向的残余压应力都大于 Y 方向的残余压应力;在末尾阶段,材料表面 Y 方向甚至出现了残余拉应力,这将对结构造成不利影响,在实际抛光过程中应予以重视。

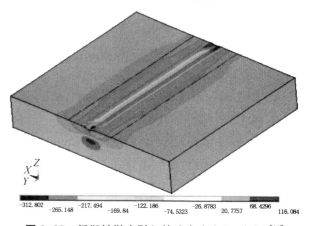

图 3-37　低塑性抛光引入的残余应力（X 方向）[25]

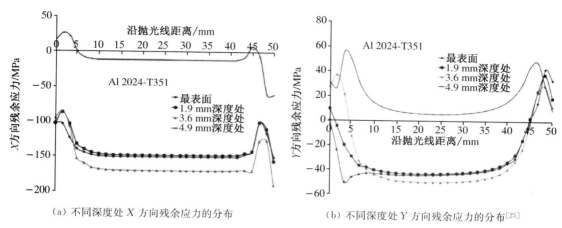

（a）不同深度处 *X* 方向残余应力的分布　　　（b）不同深度处 *Y* 方向残余应力的分布[25]

图 3-38　不同深度处 *X* 方向和 *Y* 方向残余应力的分布

3.7.2　低塑性抛光残余应力场的影响因素

低塑性抛光残余应力场主要受到抛光压力、进给率、抛光速度、硬球直径以及滚压次数等工艺参数的影响，该内容在 1.7.2 节中已有提及，本节将通过几个实例进一步展开说明。

Zhuang 等人[26]利用有限元模拟软件 ABAQUS 研究了抛光压力以及滚压次数对 IN718 残余应力场的影响，结果如图 3-39、图 3-40 所示。观察图 3-39 可以发现，残余应力场的深度以及最大残余应力数值都随着抛光压力的增加而增加；观察图 3-40 可以发现，滚压次数从 1 次增加至两次，可以有效提高残余应力场的深度以及最大残余应力数值，表面残余应力也略有提高。

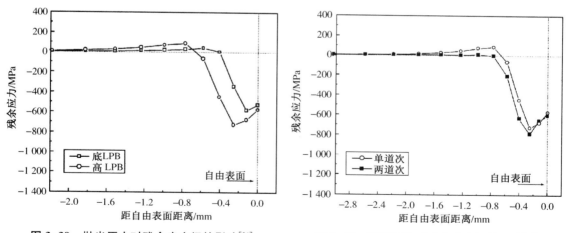

图 3-39　抛光压力对残余应力场的影响[26]　　**图 3-40　滚压次数对残余应力场的影响[26]**

Mohammadi F 等人[27]同样利用有限元软件 ABAQUS 研究了抛光压力、滚压次数、进给速率以及硬球直径对 Ti-6Al-4V 残余应力场的具体影响。研究结果表明：①随着滚压次数的增加,残余压应力以及塑性变形会迅速增长后趋于一致;②可以通过减小硬球直径或增加滚压次数来获得更大的表面残余压应力;③为增加残余应力场深度,可以通过增加硬球直径实现;④随着进给速率的增加,材料表面的残余压应力会降低,但对塑性变形的影响却可以忽略不计。

Fu 等人[28]研究了不同低塑性抛光参数对 SE508 镍钛合金残余应力场的影响,得到了与前述相近的结论:当施加在硬球表面的外载力从 1 716.75 N 增加至 2 540.79 N,最大残余压应力将从 2.5 MPa 增加至 45.4 MPa,即增大抛光压力确实能有效增加残余应力场的深度以及最大残余压应力。

参 考 文 献

［1］王仁智. 金属材料的喷丸强化原理及其强化机理综述［J］. 中国表面工程,2012,25(6):1-9.

［2］蒋聪盈,黄露,王婧辰,等. TC4 钛合金激光冲击强化与喷丸强化的残余应力模拟分析［J］. 表面技术,2016,45(4):5-9.

［3］Gao Y K, Yao M, Li J K. An analysis of residual stress fields caused by shot peening［J］. Metallurgical and Materials Transactions A(Physical Metallurgy and, Materials Science),2002, 33(6):1775-1778.

［4］高玉魁. TC18 超高强度钛合金喷丸残余压应力场的研究［J］. 稀有金属材料与工程,2004,33(11): 1209-1212.

［5］赵艳丽,王强,杨庆祥,等. 喷丸工艺参数对 A100 高强度钢残余应力场的影响［J］. 金属热处理, 2013,38(8):10-14.

［6］Fabbro R, Fournier J, Ballard P, et al. Physical study of laser-produced plasma in confined geometry［J］. Journal of Applied Physics,1990,68(2):775-784.

［7］高玉魁,赵艳丽,仲政. 300M 超高强度钢孔挤压强化残余应力场的三维模拟分析［J］. 材料热处理学报,2014,35(10):199-203.

［8］赵艳丽,高玉魁,仲政. 30CrMnSiNi2A 超高强度钢孔挤压强化残余应力场的模拟［J］. 力学(季刊),2014(2):243-252.

［9］刘晓龙,高玉魁,刘蕴韬,等. 孔挤压强化残余应力场的三维有限元模拟和实验研究［J］. 航空材料学报,2011,31(2):24-27.

［10］Babu N C M, Jagadish T, Ramachandrai K, et al. A simplified 3D finite element simulation of cold expansion of a circular hole to capture through thickness variation of residual stresses［J］. Engineering Failure Analysis,2008,15:248-339.

［11］Hermann R. Three-dimensional stress distribution around cold expanded holes in aluminium alloys ［J］. Engineering Fracture Mechanics,1994,48(6):819-835.

［12］中国航空科学技术研究院. 飞机结构抗疲劳断裂强化工艺手册［M］. 北京:航空工业出版社,1993.

［13］程明龙,贾延奎,张德远. 高强螺纹滚压工艺的有限元模拟及试验研究［J］. 工具技术,2017,51

(5):18-22.

[14] Ogeman R. Coining of holes in aluminum plates-Finite element simulations and experiments[J]. Journal of Aircraft, 1992, 29(5): 947-952.

[15] 袁奎霖, 洪明. 超声冲击处理改善焊接接头疲劳性能的数值研究 [J]. 中国舰船研究, 2016, 11 (5): 91-99.

[16] 赵小辉, 王东坡, 王惜宝, 等. 承载超声冲击提高 TC4 钛合金焊接接头的疲劳性能 [J]. 焊接学报, 2010, 31(11): 57-60.

[17] Deng C Y, Liu Y, Gong B M, et al. Numerical implementation for fatigue assessment of butt joint improved by high frequency mechanical impact treatment: A structural hot spot stress approach [J]. International Journal of Fatigue, 2016, 92: 211-219.

[18] 邓彩艳, 牛亚如, 龚宝明, 等. 承载超声冲击下焊接接头疲劳性能的改善 [J]. 焊接学报, 2017, 38 (7): 72-76,132.

[19] Yu J, Gou G, Zhang L, et al. Ultrasonic Impact Treatment to Improve Stress Corrosion Cracking Resistance of Welded Joints of Aluminum Alloy [J]. Journal of Materials Engineering and Performance, 2016, 25(7): 3046-3056.

[20] 王东坡. 改善焊接接头疲劳强度超声冲击方法的研究 [D]. 天津: 天津大学, 2000.

[21] Yildirim H C, Marquis G B. Fatigue strength improvement factors for high strength steel welded joints treated by high frequency mechanical impact [J]. International Journal of Fatigue, 2012, 44: 168-176.

[22] 金属材料 残余应力 超声冲击处理法: GB/T 33163—2016[S]. 北京: 中国标准出版社, 2016.

[23] Marquis G, Barsoum Z. Fatigue strength improvement of steel structures by high-frequency mechanical impact: proposed procedures and quality assurance guidelines [J]. Welding in the World, 2014, 58(1): 19-28.

[24] Prevéy P S, Ravindranath R A, Shepard M, et al. Case studies of fatigue life improvement using low plasticity burnishing in gas turbine engine applications [C]//ASME Turbo Expo 2003, collocated with the 2003 International Joint Power Generation Conference. American Society of Mechanical Engineers, 2003: 657-665.

[25] Aldrine M E, Babu N C M, Kumar S A. Evaluation of Induced Residual Stresses due to Low Plasticity Burnishing through Finite Element Simulation[J]. Materials Today: Proceedings, 2017, 4(10): 10850-10857.

[26] Zhuang W, Wicks B. Multipass low-plasticity burnishing induced residual stresses: three-dimensional elastic-plastic finite element modelling[J]. Proceedings of the Institution of Mechanical Engineers Part C Journal of Mechanical Engineering Science, 2004, 218(6):663-668.

[27] Mohammadi F, Sedaghati R, Bonakdar A. Finite element analysis and design optimization of low plasticity burnishing process [J]. The International Journal of Advanced Manufacturing Technology, 2014, 70(5-8):1337-1354.

[28] Fu C H, Guo Y B, Mckinney J, et al. Process Mechanics of Low Plasticity Burnishing of Nitinol Alloy[J]. Journal of Materials Engineering and Performance, 2012, 21(12):2607-2617.

4 表面形变强化残余应力的作用

4.1 喷丸强化

喷丸工艺广泛地用于国内外机械工程,已有较长的历史,其中,特别值得重视的是受控喷丸(Controlled shot-peening),它完全不同于清理喷丸或喷砂(Sand blasting)。受控喷丸以强化为目标,因此,也称强化喷丸,是指机械零件、构件通过喷丸手段而得到强化,是大幅度地提升其疲劳强度和抗应力腐蚀的一种先进方法[1]。

受控喷丸是利用高速喷射的细小弹丸在室温下撞击受喷工件的表面,使表层材料在再结晶温度下产生弹、塑性变形,呈现理想的组织结构和残余应力分布,从而提升其疲劳强度和抗应力腐蚀能力的一种表面处理方法。变形层深度一般在0.1~0.8 mm,具体数值视所选择的工艺参数而定。当弹丸流撞击受喷工件时,每一个弹丸颗粒都按一定方向撞上工件表面,然后从另一个方向弹出,它的一部分动能为工件所吸收。工件表层产生弹、塑性变形,其结果除在外表留下凹穴外,主要体现在组织结构和残余应力场的变化。喷丸后的表面残余应力场都呈现一定深度的压应力,有利于提高疲劳强度,同时提升抗应力腐蚀能力。

受控喷丸与表面辊压在原理上近似。但与辊压相比,喷丸工艺可以不受工件几何形状的限制。辊压只适用于形状简单的表面处理,如轴类零件。喷丸则可用于各种形状复杂的表面,如各类弹簧和齿轮轮齿表面等。喷丸也不受工件尺寸的限制,小尺寸零件可在喷丸室内处理,大尺寸零件则可在外场接受喷射。

受控喷丸最早出现于21世纪20年代,首先应用于汽车工业,随后扩大到飞机制造业和其他军事工业,时至今日,这种方法已成为国际机械工程界普遍感兴趣的一种表面处理新工艺,具有广阔的发展前景[2]。受控喷丸的机理与残余应力分布密切相关。近年来,国内外不少科学研究部门和生产厂商日益关注存在于机械零件表层的残余应力场。众所周知,利用残余应力场的合理结构(应力的合理分布)提高机械零件的性能是一种比较经济的手段,特别适用于承受交变载荷的零、构件。机械零件工作时各点应力值很不相同,其中表面层多半会碰到不理想的高应力值情况(例如杆形件承受扭、弯载荷时),而金属材料的表面偏偏较弱,缺陷集中,很容易形成疲劳源。受控喷丸就是利用金属的不均匀塑性变形来形成合理的应力场,强化金属表面,以达到充分发挥金属材料潜在能力的目的。这对节约材料和减轻质量具有重大意义。从喷丸后的不均匀塑性变形,到形成理想的应力场分布,中间涉及的问题相当广泛,牵扯的因素很多,因此,有关受控喷丸和残余应力理论的研究内容十分丰富[3]。

4.1.1 对疲劳性能的作用

受控喷丸能提高零、构件的疲劳寿命和金属抗腐蚀能力。特别是借助喷丸来提高疲劳寿命的方法,目前已用于许多种类的零件,包括弹簧、齿轮、轴类、连杆、轴承、叶片、涡轮盘、飞机机翼壁板和起落架组件,以及吊钩、钻杆等零件和组件。喷丸方法还用于工作时受到一定幅度交变应力的焊件焊缝的强化。施行喷丸处理零、构件的材料,除普通碳素钢外,还有高强度钢、特高强度钢、不锈钢、耐热合金、钛合金、铝合金和镁合金等。

喷丸处理能有效地提高零、构件的抗疲劳性能,原因是多方面的,包括喷丸后表层内出现的残余压应力、喷丸层材料的组织变化、表层冷加工硬化和表面粗糙度变化等,其中表层的残余压应力常是主要因素[4]。国内外大量资料表明,喷丸时控制合理的工艺参数,可以得到最佳的效果。机械零件喷丸后常在一定深度的表层内存在残余压缩应力。零件日后工作时,只要没有大幅度地降低原来存在的压缩应力,就能保持较长的疲劳寿命。因此,对机械零、构件的受控喷丸,除了正确控制喷丸工艺参数,以达到所需要的残余压应力数值和压应力层深度之外,还必须顾及喷丸后零件工作过程中影响残余压应力松弛的各种因素,包括零件承载的应力幅值、工作时的温度、环境中的化学介质,等等。

喷丸影响受喷零、构件性能的程度,即喷丸的效果,以喷丸强度来表示。设计零件时,应根据零件的使用要求确定喷丸强度和喷丸部位。喷丸强度是很多参数的函数,其中有弹丸的材料、形状和大小,弹丸的速度和流量,喷嘴离受喷表面的距离、喷射角度和喷射时间等影响。

1. 疲劳强度

机械零、构件中的绝大多数是在变化载荷之下工作的。零、构件内出现的应力是交变应力。当交变应力循环一定次数后,零、构件将发生断裂,而这时的应力数值总是低于材料的一次性静加载强度,有时甚至不足一半或更低。零、构件的最终断裂常常是突发性的,且断口的塑性结构成分较少。这种断裂属于疲劳破坏,零件因疲劳破坏而失效将对机械的使用构成很大的威胁。金属材料抗疲劳破坏能力的数值指标为疲劳强度。

机械零、构件在交变应力作用下的疲劳失效与静应力下的失效有本质区别,后者称为静强度失效,其特征是在零、构件的危险截面中产生过量的变形,最后导致断裂。疲劳失效是指在零件局部应力较高的区域中,较弱的晶粒由于交变应力的作用而首先形成微裂纹,然后微裂纹发展成宏观裂纹,并且继续扩展,直到零件断裂。在静载强度计算中,以屈服强度 σ_s 和强度极限 σ_b 为强度计算指标。在疲劳强度计算时以材料的疲劳强度极限 σ_{-1} 为强度计算指标,计算的出发点是受载零件的某个局部的应力值(或称为峰值应力)。

疲劳破坏过程中的疲劳裂纹最容易在零件的下述部位中出现:拉应力最大的部位,

强度最弱的部位。零件中强度最弱的部位最容易形成微小裂纹,而拉应力则是促使裂纹扩展的主要原因,拉应力大的部位微裂纹能很快发展成宏观裂纹,且在不断扩展。

零、构件的表面常常是拉应力最大,强度也恰恰是最弱的部位。因此,疲劳断裂的过程常从零件表面开始。喷丸处理之所以能提高零件的疲劳寿命,最主要的原因就是喷丸后表面下一定深度内呈现残余压应力而使表层总体得到强化。

零、构件的疲劳裂纹常起源于表面,与下列因素有关:

(1)切削加工。机械零件大多经过切削加工,切削刀具在零件的表面留下刀痕,引起应力集中,使局部应力值与四周有明显差异。局部应力集中在尖而深的刀痕,且刀痕方向与拉应力相垂直时最不利。

(2)零件结构。零件结构上的内圆角,例如退刀槽、螺纹底径等,都是应力集中的区域,该部位容易诱发疲劳裂纹。

(3)表面脱碳。在零件热加工时,如果发生表面脱碳现象,这会引起表层材料弱化,而且脱碳后的表面层很容易形成残余拉应力。

(4)载荷种类。有许多机械零件的工作载荷是扭转载荷或弯曲载荷,或者是扭转、弯曲相结合的载荷。零件在这类载荷下的应力分布,以表面处的应力值为最高。

(5)材料强度。据材料强度分析,近表面层处的强度最低。此外,材料次表层可能存在的夹杂物,也是应力集中的地方。

2. 金属的疲劳断裂

金属的疲劳断裂过程可以分为疲劳裂纹的形成、疲劳裂纹的扩展和瞬时断裂三个阶段。金属疲劳破坏的起源常在于它的自由表面或它内部的缺陷处,如表面刀痕或夹杂物等,这种区域的应力较高,常引起不均匀的塑性变形,进而形成微裂纹,这就是疲劳破坏的第一个阶段。接着,在循环应力的作用下,微裂纹缓慢断续地扩展,这是疲劳破坏的第二阶段。最后,当裂纹扩展到一定程度时,留下的连接截面已无法承受所加的载荷,就会出现突发性的断裂,是第三个阶段。

起源于金属自由表面的疲劳破坏比源于金属内部缺陷的可能性大。因此,除了合理的设计能减少表面应力集中点,阻止裂纹形成之外,通过表面处理来改善零件的表面状态,这也能有效防止或延迟裂纹的产生和扩展。例如,喷丸处理或表面渗碳、氮化,都能使零件表面得到强化,且同时形成残余压应力场。

3. 金属疲劳裂纹的形成

疲劳裂纹最容易在应力最高、强度最弱的部位以及存在应力集中的部位形成。例如,切削加工表面刀痕、焊缝的裂纹、机械性划伤,以及在零件结构上的内、外圆角、缺口、键槽等应力集中处,都是可能形成疲劳裂纹的部位。形成疲劳裂纹的方式有:滑移带开裂、夹杂物及基体界面开裂和晶界开裂。

（1）滑移带开裂。在交变载荷作用下,金属表面将产生滑移线,随着循环次数增加,滑移线逐渐变粗而形成滑移带。疲劳裂纹可能在较粗的滑移带上出现。交变载荷条件下形成的滑移带的独特结构与静载荷条件下的不同,它的分布极不均匀,随着塑性应变的增大,滑移带数目不是在所有的晶体面上平均增加,只是其中个别滑移带逐渐变宽而成为粗大的滑移带,通常称为驻留滑移带。在金相显微镜下,可以明显看到这些滑移带。图 4-1 即为滑移带金相图。

（a）受交变载荷后晶粒内滑移带　　　（b）同一试样的滑移带开裂

图 4-1　滑移带金相图

由滑移而引起的疲劳裂纹,可以认为是驻留滑移带上的挤入滑移带纵深扩展,从而形成最初的疲劳微裂纹,然后,裂纹沿滑移带方向扩展并穿过晶粒,直至转化成宏观裂纹。图 4-2 为挤入、挤出的示意图。在交变载荷的继续作用下,挤入部分的零、构件经喷丸处理后,受喷面形成强化层,提高了材料的屈服强度和单向拉伸硬化率,从而使金属表面层滑移困难,不易形成疲劳滑移带。此外,喷丸还能使疲劳滑移带趋向于均匀分布,推迟驻留滑移带的出现。所有这些,都有助于阻止微裂纹的生成,改善零、构件的疲劳性能。

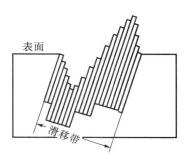

图 4-2　由滑移引起的疲劳裂纹
——挤入、挤出示意图

（2）夹杂物及基体界面开裂。在机械工程使用的金属材料中都存在非金属夹杂物。为了提高材料强度会再引入第二相。这样的非金属夹杂物或第二相将与基体形成界面。在交变应力作用下,夹杂物和第二相微粒在界面处容易与基体分离;另外,夹杂物和第二相质点本身在交变应力下也可能发生断裂。这两种情况都能导致疲劳裂纹。图 4-3 为沿界面开裂过程示意图,图中 a 表示夹杂物与基体紧密连接,b 为受拉应力的一边脱开成缝,c 为界面脱开后继续扩展,同时另一边界面脱开,d 则表示界面脱开进一步扩展,同时基体中的点状表面缺陷成核,e 为缺陷成长并集聚成疲劳微裂纹;f 为微裂纹的继续扩展,表面缺陷在夹杂物的另一侧成核。多晶金属的晶界常是疲劳裂纹成核的区域。

（3）晶界开裂。在低应力循环载荷下，裂纹很容易在晶界上形成。图4-4为晶界开裂机理示意图。当滑移带到达晶界时受阻，在交变载荷继续作用下，滑移带在晶界上引起的应变将不断增加，从而在晶界前造成位错塞积。当这种位错塞积形成的应力增大到断裂强度时，晶界即开裂并形成微裂纹。金属的晶粒越粗，晶界上的应变量越大，位错塞积也越大，更容易产生应力集中，易形成微裂纹。

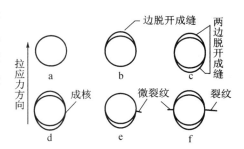

图 4-3　夹杂物与基体界面
开裂示意图

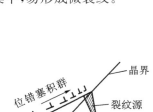

图 4-4　晶界开裂机理示意图

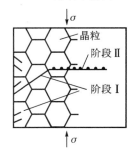

图 4-5　疲劳裂纹扩展第Ⅰ阶段
与第Ⅱ阶段示意图

4. 金属疲劳裂纹的扩展

从疲劳裂纹萌生开始，经过一定条件下的不断扩展，直到发生瞬时断裂为止的整个过程，一共可以分成微观裂纹扩展、宏观裂纹扩展和瞬时断裂 3 个阶段。

第Ⅰ阶段：微观裂纹扩展。疲劳裂纹生成后，能沿着与拉应力成 45°角的最大切应力方向扩展（图 4-5）。不过这一阶段的扩展速度很低，深度很浅，只有当裂纹扩展达到一定深度后，才转入第Ⅱ阶段。

第Ⅱ阶段：宏观裂纹扩展。在这一阶段中，裂纹将向垂直于拉应力的方向扩展（图4-5），它的扩展速度和深度都大于第Ⅰ阶段的。

疲劳裂纹从疲劳源（成核区）开始生成后，将沿着辐射方向不断扩展，一直到瞬时断裂为止，形成断口的疲劳裂纹扩展区。断口的疲劳区由于裂纹扩展过程中有空气和其他腐蚀性介质侵入而发生氧化性腐蚀，一般颜色较深。在这一区域，常可见清晰的"海滩状"疲劳条纹，它显示了裂纹前端在间歇扩展中的痕迹。此外，在裂纹扩展过程中，两表面不断挤压和摩擦，所以断口疲劳区比较光滑，或呈现贝壳状的光泽面。

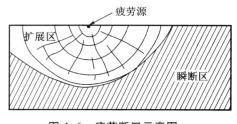

图 4-6　疲劳断口示意图

宏观断口中的瞬时断裂区（简称瞬断区）则为新鲜的粗糙不平表面。

4.1.2 对耐腐蚀性能的作用

受控喷丸提升金属材料抗应力腐蚀能力的作用已被日益增多的试验研究结果所证实。应力腐蚀是指各种金属合金零件在应力的作用下,且在各自特定的腐蚀环境中所发生的腐蚀破坏现象。应力腐蚀的范围很广,就材料品种来说,应力腐蚀不仅发生于钢材,也发生于黄铜等有色金属,甚至不锈钢也不例外;就零件种类来说,如钟表弹簧、悬吊桥钢绳、垫圈,以至管材和型材等都能找到应力腐蚀的实例。因此,应力腐蚀对机械工程的危害是很大的。

应力腐蚀机理复杂。在相应的腐蚀环境中,如果没有应力,腐蚀进展极为缓慢,一旦产生了一定量的拉应力,腐蚀就很快发展,直到零、构件开裂。应力腐蚀都从金属表面开始,当表面呈拉应力状态时,腐蚀进程加快;反之,表面的压应力能阻止腐蚀发展。因此,金属的表层应力性质与应力腐蚀关系重大。金属材料或零构件中出现的应力可能是外加的工作应力,但更需注意的是冷、热加工后的残余应力。受控喷丸在这里的作用是使金属表层残余应力从拉应力改变成压应力,阻止腐蚀进展,从而大大提高金属的抗应力腐蚀能力[5]。

1. 应力

能够促进应力腐蚀发展的应力一定是表面拉应力,它的来源除外加的工作应力外,主要是工艺残余应力或机械装配应力。在冷冲压件、焊接件中也常见这种应力。诱发金属材料应力腐蚀的拉应力量值,常比该材料的屈服极限低,而且通常存在一个临界值,当拉应力低于临界值时不会促成应力腐蚀。图4-7为各种奥氏体不锈钢在浓度为42%的沸腾氯化镁溶液中的腐蚀破裂和应力的关系,图中的每组阴影线表示临界应力。

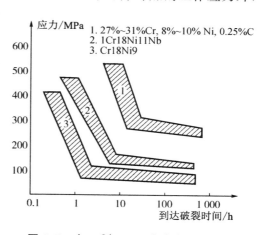

图 4-7　在 42%Mg Cl₂ 沸腾溶液中,各种奥氏体不锈钢的临界应力值

残余应力又常和外加应力同时并存。不同符号、大小和分布的残余应力,一旦与工作应力叠加后,就有可能加快或延缓腐蚀裂纹的发展。在这种情况下,残余应力有着举足轻重的作用。

表面压应力对应力腐蚀的作用恰与拉应力的作用相反,它能提升金属的抗应力腐蚀能力,这一规律已经在生产实际中得到了广泛的应用。通常,用滚压和喷丸等机械强化方法可使材料或零件的表层应力转化为压应力。

2. 开裂的形式和途径

应力腐蚀开裂时裂纹方向总与拉应力方向垂直,且根据断口形态分析,腐蚀开裂属于脆性断裂性质,这种破坏常无明显预兆,因而危害严重。裂纹的发展有不同的途径,有的穿越晶粒而破裂,有的沿晶粒之间破裂,需根据金属及其环境的具体配对而定。一般碳钢、低合金钢和铜合金为晶间型断裂,奥氏体不锈钢为穿晶型断裂,而钛合金属混合型断裂。图 4-8 为纱管铜箍断口的扫描电镜图。从这个实例中可以看到主裂纹沿晶粒之间扩展的情形[图 4-8(a)],在主裂纹周围有树枝状分布的微小裂纹[图 4-8(b)]。

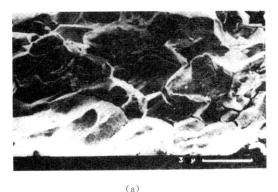

(a)   (b)

图 4-8   铜箍断口扫描电镜图

3. 钢的喷丸处理和抗腐蚀性能

加速应力腐蚀试验可用来对比喷丸对应力腐蚀的效果。图 4-9 为用于这种试验的试样,材料为低碳钢,弯曲成 U 形后再经热处理。试验时将 U 形材料的两对端用螺栓拉紧,使外侧出现拉应力,然后置于下述沸腾溶液中:

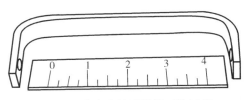

图 4-9   应力腐蚀试验用对比试样

$Ca(N_3O)_2 \cdot 4H_2O$	1 800 g
$3NH_4NO_3$	100 g
蒸馏水	1 200 g

试验结果见图 4-10。酸性转炉低碳钢喷丸试样施加的应力高达抗拉强度的112%~116%,远大于未喷丸试样所施加的应力,在这种试验条件下,喷丸对于抗应力腐蚀能力的效益仍清晰可见。A89 钢喷丸试样施加的应力略低于未喷丸试样,这时的耐蚀时间遥遥领先于未喷丸试样。

如果对合金钢作喷丸抗蚀对比,也会有同样结论。图 4-11 为 4330M 钢和 AISI4340 钢经喷丸后抗应力腐蚀能力的试验结果。所用 U 形弯曲试样长 197 mm,宽 25.4 mm,厚 6.3 mm,试样经 1 550 ℉(843℃)油淬和 400 ℉(204℃)回火。试样喷丸采用直径 0.59 mm 的弹丸,喷丸强度为 0.008 A,试样喷丸后表面呈压缩应力。AISI4340 钢经喷丸其残余应力为 415~844 MPa。

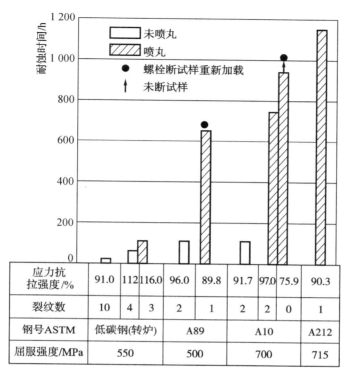

应力抗拉强度/%	91.0	112	116.0	96.0	89.8	91.7	97.0	75.9	90.3
裂纹数	10	4	3	2	1	2	2	0	1
钢号ASTM	低碳钢(转炉)			A89		A10			A212
屈服强度/MPa	550			500		700			715

图 4-10 低碳钢 U 形试样的应力腐蚀试验耐蚀时间

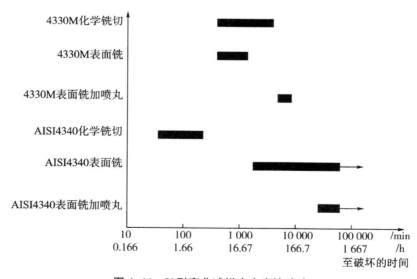

图 4-11 U 形弯曲试样应力腐蚀试验

应力腐蚀试验在百分比浓度为 0.5% 的 NaCl 溶液中进行,试样被施加载荷,4330M 钢被加载到 90% 的屈服强度;AISI4340(40CrNiMoA)钢被加载到 75% 的屈服强度。试验结果显示,喷丸试样不出现开裂的时间,比未喷丸试样延长 10 倍。

4.2 激光冲击强化

机械零件的失效,有一些是由整体机械性能不足引起,但大部分是直接或间接地由于其表面耐磨、耐蚀性极低造成的,在一般情况下,不耐磨所占比重更大。已具有整体综合性能的零件,只要在其所需的局部部位施以适当的表面强化处理,提高其耐磨性和耐蚀性,就能显著延长其服役时间。这样,由于使用寿命的增加而提高了技术经济效益,所以就促进了各种表面强化技术的发展,新发展的高能密度表面强化技术更引人注目。高能密度表面强化,是在材料的表面施加极高的能量,使之发生物理、化学变化,以达到强化的目的。其特点是,工序比较简单,过程非常迅速,零件变形较小,生产效率高[6]。

激光表面强化是高能密度表面强化技术中的一种主要手段。在一些特定情况下它具有传统表面强化技术或其他高能密度表面强化技术所不能或不易达到的特点,这使得激光表面强化技术在表面强化的领域内占据了一定的席位。目前,我国及许多国家均进行了大量的试验研究工作。有的已用在生产上,有的正逐步地被实际生产所采用,并收到了很好的技术经济效果。它已成为高能粒子束表面强化方法中的一种最重要的手段。

4.2.1 激光表面强化工艺原理

1. 高能密度激光束加热金属的过程

激光束向金属表面层的热传递,是通过"逆韧致辐射效应"实现的。金属表层和其所吸收的激光进行光-热转换。当光子和金属的自由电子相碰撞,金属导(带)电子的能级提高,并将其吸收的能量转化为晶格的热振荡。由于光子能穿透金属的能力极低(仅为 10 mm 的数量级),故仅能使其表面的极薄层温度升高。由于金属导(带)电子的平均自由时间只有 10^{-3} s 左右,因而这种热交换和热平衡的建立是非常迅速的,从理论上分析,在激光加热过程中,金属表面极薄层的温度可在微秒(10^{-6} μs)级,甚至纳秒(10^{-9} s)级或微微秒(10^{-12} s)级内就能达到相变或熔化温度[7]。这样形成热层的时间远小于激光实际辐射的时间,其厚度很明显远低于硬化层的深度。所以可以建立热传导模型来对激光处理时的加热和冷却过程进行分析。将其热源作为一个一定形状和能量分布极薄的热层的边界条件。

这种分析对于激光热处理过程的理解或预先选择激光热处理参数有所帮助。当然这时须考虑到对金属表面进行黑化,以提高激光的吸收率来增加光能的利用。由于实际情况非常复杂,还须通过实际试验加以修正后,才能确定最适合的工艺参数。

在激光加热停止后,被加热部分的热向周围的金属传导而降温冷却。因为在加热的过程中,热也是向外传导的,只不过由于输入功率非常大,在光束下面形成一个高温区(严格来说是一个温度场)。一旦热源断开,其冷却速度是异常快的。例如对马氏体转变来说,从 800℃ 冷却到 400℃ 的速度可以从传热分析中计算出来。其值可达 $2 \times 10^2 \sim$

$1×10^5℃/s$,激光功率密度越高,作用时间越短,冷却速度越靠近上述范围值的上限附近。而功率密度低,作用讨向长时,即靠近下限。对于奥氏体向马氏体转变来说,这种冷却速度还是足够的,也超过含碳很低的钢的临界淬火速度,所以在激光表面强化处理中,除极个别情况外,完全可以自行冷却淬火,不需采取其他冷却措施,如喷水、喷气等。

除了相变硬化的表面强化外,还有利用表面部分熔化凝固进行熔化合金化等处理。即用激光束加热使表面熔化定深度,随后急冷凝固。金属表面应没有或极少蒸发。这种过程在一定程度上和激光焊接相似。表面层吸收激光束升温产生熔化层。因有溶解潜热的关系,这时所需能量要大得多。此种类型的传热分析更为困难。不仅是因某些实用金属及合金在熔点上下的各种热参数的数据缺乏,还因在液态时它们的变化较大。在熔化一凝固处理方面还有许多影响因素,但在分析时被省略掉,至今尚未见到有关合金化方面的传热学分析工作。根据经验,这时所需的功率为相变硬化的$2\sim3$倍。

2. 强化前的表面预处理

CO_2激光器的激光(波长$10.6\ \mu m$)照射到金属及合金的表面后,一部分被反射掉,另一部分被吸收。只有被吸收的那一部分光的能量才起到加热的作用。金属材料对光的吸收,首先和光学因素有关。一般来说波长越短,金属吸收越好。对于偏振光来说,其偏振状态对吸收亦有很大影响。目前有许多大功率CO_2激光器(例如英国的CL5型)的输出是平面偏振光。其电矢量的振动只限于某确定平面内。现考虑以任意入射角射到某平面的偏光,如其电矢量和包含入射/反射光的平面平行时称为P-波,和它垂直时称为S-波。经表明,在一定范围内的入射角下,P-波的吸收率较S-波高、特别是当入射角接近Brewster角(一般约为$57°$)时,吸收率最高。最近的试验研究工作表明,当金属带有后述那样的吸收膜时亦然。以$60°$角入射的P-波,其硬化层深度不低于垂直入射的光。而以$60°$角入射的S-波,其硬化层深仅为P-波的1/2左右。其次还和金属材料的种类性质、表面状况(如颜色、表面粗糙度)等均有关系。影响金属表面对激光的吸收机理目前尚不十分清楚,但由现象和经验表明,它和材料的导电性质有较大关系。

一般钢铁零件是在精加工后才强化处理的,都很光亮,对CO_2激光器发出的$10.6\ \mu m$激光的反射率很高,常高达$85\%\sim95\%$。所以吸收光束的能力很低,对于激光能量的利用来说是非常不利的,也极不经济。如被处理零件表面粗糙,无光泽,有氧化层或深颜色时,反射就少,从而吸收的能量就高。为了使被处理零件对$10.6\ \mu m$光的反射减少,吸收率增高,被处理的零件必须经过表面预处理(也常称为黑化处理),以提高光束能量的利用效率,这是一道不可少的工序。虽然黑化的方法很多,但具备下列条件时才有较大的实用价值,这些条件是:

(1) 对所使用的光线波长(如CO_2激光器时为$10.6\ \mu m$,YAG激光器时为$1.06\ \mu m$)要求吸收率高,反射率低。

(2) 处理方法简便易行,处理所需时间较短,处理参数的容许波动范围较宽,而对吸收率的影响较小。

（3）处理用原料价格便宜，容易到手。

（4）和金属的结合力或附着力较大，处理后放置一定时间不影响或很少影响吸收光能的效果。

（5）从处理后到能够用激光强化处理的时间短，以利于流水线大量生产。

（6）对于金属表面应没有或仅有极轻微的腐蚀作用以及其他不良作用，如具有保护作用或其他有益作用更好。

（7）激光强化处理后易于清除，或不需清除也能使用，无不良影响，如果具有友好影响结果则更好。

（8）所使用原料无毒，处理时或处理后均不会污染环境。

不处理或经过黑化处理的金属表面，当用功率密度较高激光束照射时，其反射率并不是一个常数，而是随条件而改变的。一般所说反射率或吸收率只是在一定条件下的值。例如，钢的磨光表面在大气中，以光束照射的过程中，首先其表层被氧化，反射率下降。随着温度的升高，氧化程度加大，其反射率进一步下降。直到表面开始熔化时可突然降到 5% 左右。经过预处理的膜就更复杂些。一般所指反射率或吸收率系指保持原有状态时的值。利用直径约 1 mm 激光功率为 87 W 的激光束，经 1/20 的衰减，照在三种材料有涂层的试样上并进行了测定。激光照射在斜放的试样上经 45° 反射后，由能量计接收。使用了块铜质镀金全反射镜，其反射率为 98%，设其反射率为 100%，作为基准和其他试样进行比较。在测定前后试样表面的膜没有变化和损坏。

常用的预处理方法有磷化法、碳素法和油漆法。限于篇幅，这里将不做详细介绍。

金属及合金表面对 10.6 μm 激光的放射率高，但必须经过预处理的工序是一个缺点，然而也可以用来进行选择性图案硬化。用描绘、漏印、印刷等方法就可以使需要的图案部分得到硬化。而对于已经是黑色、深色的表面，可以贴上具有图案漏孔的反射薄膜（如光亮的铜箔、铝箔等）也能达到相同的目的。

4.2.2　激光表面强化对力学性能的影响

进行激光处理的目的是改善各种有用的性能。进行这方面的研究试验，就是探明它对各种使用性能的影响，以利于在使用中扬长避短，更有利地发挥其作用。各种材料经过激光表面强化处理后，可以得到硬度很高、晶粒及组织非常细的表层，并且和基体紧密地结合形成冶金。虽未经回火，大多情况亦不表现脆性现象，这样能使得它的各种性能（包括物理、化学及机械性能）都得到改善[8]。

1. 残余应力

在相变硬化区，由于马氏体相变的体积膨胀，在硬化层内造成残余压应力。以 1045 钢为例，试样尺寸为 25 mm×25 mm×12 mm，激光功率 8 200 W，光斑尺寸为 18 mm×

18 mm,扫描速度为 25 mm/s 时,硬化层深度为 0.75 mm。1045 钢表层为残余压应力,最高可达 46 MPa,到某一深度以后变为 0,然后则变成残余拉应力。例如,42CrMo 钢(试样 10 mm×10 mm×20 mm)用激光功率为 52W 的激光互搭扫描后,表面残余压应力为 19.6~68.6 MPa,σ_x 和 σ_y 相差不多,到 0.1 mm 深度后则变成残余拉应力,为 176.5~323.6 MPa,表面残余压应力对疲劳性能及一些其他性能有益,同时也保证硬化层不易出裂纹。

在熔化—凝固处理层中相变硬化区虽为残余压应力,但熔化区中由于凝固收缩的关系,仍是残余拉应力。即使综合应力为残余压应力时,凝固部分亦易招致裂纹,合金化及涂敷的情况更甚。所以应该在预热后进行处理,以减轻拉应力,还应在选用韧性好的材料等方面加以注意。

2. 机械性能

通常情况下,低碳类型的钢经激光相变硬化处理后,疲劳强度有大幅度提高,而对于 1045 钢及 42CrMo 等中碳钢则有时不提高或提高很少。这是因为高碳马氏体硬度非常高,由其内部组织应力大所致,而低碳马氏体则其内部组织应力低得多,疲劳强度可以提高。1045 钢旋转扫描的例子中,因光斑为 503 μm,而每转的进给仅 135 μm,扫描互搭量非常大,并且互搭次数也多,扫描速度也非常快,硬化层的组织受到很大程度的回火,使其组织应力大为下降,故得到非常好的结果。所以对于低碳钢用激光处理来提高疲劳强度是比较容易的。而对于中碳钢则须细致选择激光参数,使获得不完全淬火组织或利用较大的互搭扫描,使硬化层受到回火作用,以期达到疲劳强度的大幅度增加。

这里需要注意的是,当表面有明显的熔化层时,由于结构及应力状态的改变常常不能得到理想的结果,甚至相反。熔化到什么程度,以后如何改善应力状态,才能发挥出激光处理效果的问题,应针对具体情况进行深入工作,切不要贸然应用。

3. 磨损性能

利用激光表面强化,提高表面的抗磨损性能已取得了显著效果,在这方面进行的工作很多,通常在硬度水平相同的情况下,一方面,激光涂敷层比淬火钢的耐磨性高得多,可高达 5.8~6.2 倍,同时摩擦系数有所降低;另一方面,合金涂敷层的硬度高低也不是耐磨性好坏的唯一判据。如脆性大易产生裂纹时,硬度虽高耐磨性亦不好。所以选择合适的合金种类才能得到令人满意的结果。

4. 抗脆性破裂及剥落性能

激光处理是改善渗硼层脆性的有效手段,它能使其组织产生明显转变,形态也发生显著变化,使之获得细化的硼化物晶粒和硬度低的共晶组织,改变残余应力的大小和分布。而脆性降低的指标可从三点弯曲试验中的刚开裂时的弯曲载荷和弹性位移 Δ 求出。

5. 空蚀

空蚀是一些水力机件受到液体的"空化现象"产生空泡周围压力降低,当空泡突然破裂时,周围又产生高温高压。这种高温高压冲击及空化反复地作用在金属表面的微小面积上时,可使金属表面引起急速的疲劳而被侵蚀。由予不断暴露出新鲜表面,同时又有腐蚀性的介质的电化学腐蚀作用,在机械和化学破坏的相互促进下,使金属表面产生了一种叫作"空蚀"的破坏。这种破坏多出现在高速船舶推进器、水轮发电机动叶片及内燃发动机缸套的冷却水侧一方。空蚀的进行和一般整体受力的损伤不同,其特征是动态的及集中在微小局部。多相组织中的低强度相将最先受到损害。均匀单相、细晶粒的高强组织有利于抵抗空蚀。通常认为,产生更大残余压应力的相变硬化处理(表面也不粗糙化)可能对于抗空蚀更有效。

4.3 孔挤压强化

飞机上紧固件用量是最多的,紧固件将大多数飞机结构件连接装配在一起,而连接孔处是应力集中区域,并极易产生疲劳裂纹。目前,挤压强化孔能在很大程度上提高飞机零部件的疲劳性能。孔挤压强化是指结构的尺寸和形式不改变、重量不增加,通过局部孔强化处理等工艺,使孔周围材料的组织结构得到改善、孔周应力以压应力为主,从而达到提高结构疲劳寿命(抑制裂纹的形成和扩展)的技术[9]。关键件、重要件上的孔经过冷挤压强化后,由于孔周有较大的残余压应力,降低了孔周围应力场强度因子,疲劳裂纹不易产生,飞机的抗疲劳能力得到了提高[10, 11],使得飞机对长寿命、高可靠性的要求得到了满足。

4.3.1 孔冷挤压强化疲劳增寿原理

孔挤压强化是依靠金属材料的弹塑性变形的特性。当孔周的材料挤压后,金属材料径向塑性移动,从而在周向和径向两个方向产生弹塑性变形,如图4-12所示[12]。在这个区域内强化机理有三个:

(1)在挤压过程中,孔壁层金属产生塑性变形,而更深层金属产生弹性变形;当挤压完成时,弹性变形由于弹力而恢复,对产生塑性变形的孔壁层金属施加压力,在孔壁周围产生很高的残余压应力,当疲劳发生时外在的交变载荷与内在的残余压应力叠加

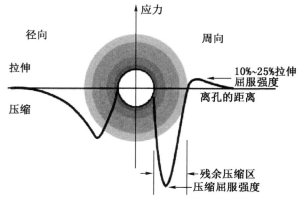

图4-12 孔挤压产生的典型应力分布

在一起后,减小了外在的交变载荷的拉应力峰值,平均应力降低,如图 4-13 所示,裂纹产生的时间被延长,因此孔的抗疲劳性能得到了提高。

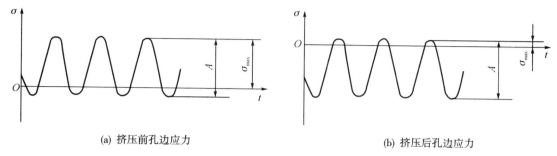

(a) 挤压前孔边应力   (b) 挤压后孔边应力

图 4-13 孔挤压前后孔边应力变化

（2）在挤压时,孔壁金属发生挤压塑性变形,导致晶体滑移,晶格发生畸变,增加了位错数量,位错的不规则分布及重叠形成了紧密的位错网状结构-位错胞状结构。这些结构,使得材料在疲劳过程中,金属晶体的移动被限制,进而提高了材料的屈服强度,提高了流变应力,并相应地提高了疲劳性能。

（3）挤压过程改善了孔壁表面质量,经过钻、铰孔等加工的初孔孔壁,粗糙度很大,因为刀具的切削使孔壁表面凹凸不平;在挤压过程中,这些凸起的材料被碾压到凹处,使得孔壁表面平整粗糙度得到了提高,减少了微裂纹,从而提高了孔的抗疲劳性能。

4.3.2 孔挤压强化方法

孔挤压强化方法主要分为球滚压光整强化、芯棒直接挤压强化和开缝衬套挤压强化等。

1. 球滚压光整强化

球滚压光整强化是利用钢珠对孔壁进行挤压强化,如图 4-14 所示,滚珠直径比孔的略微大,在进行挤压强化时,粗糙大的孔壁表面的凸起将随钢珠的滚动被碾压到凹处,孔壁一定深度范围内产生残余压应力,提高了孔壁表面粗糙度,缺点是钢珠挤压需要较大的功率,所以该方法的挤压量通常比较小。

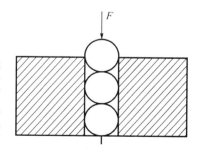

图 4-14 球滚压强化示意图

2. 芯棒直接挤压强化

芯棒直接挤压是用比孔直径稍大的锥形芯棒,通过初孔时对孔进行挤压强化,使孔周材料获得残余压应力,如图 4-15(a)所示。含孔结构件的硬度应低于芯棒的硬度,终孔的表面粗糙度应低于芯棒的表面粗糙度;芯棒应使用合适的润滑剂以防止孔壁被划伤。

在挤压时,由于轴向力的存在使得材料发生轴向流动,所以在孔口容易产生凸台,如图4-15(b)所示,这严重影响了装配质量;同时,对于钛合金、高强度合金钢等高硬度材料,采用芯棒直接挤压强化孔时,目前没有合适的润滑剂,因此很容易划伤孔壁,降低了含孔结构件的疲劳寿命。

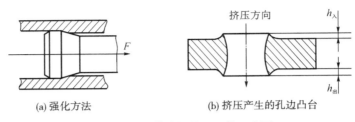

(a) 强化方法　　　　　　　　(b) 挤压产生的孔边凸台

图 4-15　芯棒直接挤压强化示意图

3. 开缝衬套挤压强化

开缝衬套挤压原理与芯棒直接挤压一样,不同的是在芯棒与孔壁之间增加一个起润滑和传递径向力作用的衬套,芯棒与孔壁不再直接接触,衬套的衬垫作用可以有效防止孔壁被划伤,如图4-16(a)所示。开缝衬套挤压强化孔时,挤压过程比较均匀平缓,而且挤压力由小到大匀速变化,金属塑性弹性变形比较充分,其对孔的挤压量较大,疲劳增寿效果明显。衬套开缝处的受力如图4-16(b)所示,在 A 点不同于其他处而受到两个方向的压力,当挤压力较大时,A 点很容易萌生裂纹,这是发生失效的疲劳源;同时由于开缝衬套的开口,在挤压过程中由于压力的原因导致材料流向衬套开口处,结果就形成了凸台,如图4-16(c)所示,凸台处是挤压强化后最易发生疲劳失效的地方,所以孔经开缝衬套芯棒挤压后,需再增加铰削孔的工序,将凸台及可能的微裂纹去除。虽然开缝衬套挤压强化比芯棒直接挤压强化多一道工序,但是由于开缝的存在使衬套的弹性更大,这样可以选取较大挤压量,相应残余压应力也会很大,含孔结构件疲劳寿命也会有相应的提高。并不是所有材料经过冷挤压强化后疲劳寿命都能有明显提高,仅对部分高强度铝合金、高强度钢、钛合金等强化效果比较明显,例如,7A85,7050,7475,7150,2024,30CrMnSiNi2A,A100,TB5,Ti6Al4V 钢等。

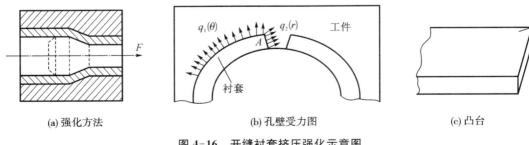

(a) 强化方法　　　　　　　(b) 孔壁受力图　　　　　　　(c) 凸台

图 4-16　开缝衬套挤压强化示意图

4.3.3 孔挤压强化疲劳试验案例

1. 试验材料与方法

本小节用试验说明芯棒直接挤压和开缝衬套挤压孔后的疲劳增寿效果,试验件材料选取铝合金 7A85-T7452,板厚 14.5 mm,试件如图 4-17 所示。孔分别采用不强化、芯棒直接挤压和开缝衬套挤压三种处理方式,每组试件取 3 件,其中挤压衬套厚度为 0.3 mm,芯棒和衬套挤压量均为 2.3%。疲劳试验的载荷比取 0.1,试验按正弦波恒幅加载,加载频率应在 0～20 Hz 之间,试验时试片的温度不应超过 65℃。

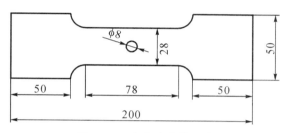

图 4-17 疲劳试验件尺寸

2. 试验结果

疲劳试验结果如表 4-1 所示,其中①②③分别为每种挤压方式下的试验件编号。从表 4-1 中可以看出,在相同挤压量下,开缝衬套挤压后的寿命是芯棒直接挤压的 3.6 倍,因为芯棒直接挤压时没有衬套的衬垫作用,孔壁周围的金属较易向孔口流动,挤出的金属大部分集中于挤出口,并且随着过盈量的增大挤出量也增多,导致孔口残余压应力降低;而开缝衬套挤压时孔壁金属流向孔口较少,且衬套避免了挤压时芯棒对孔壁的划伤,也在一定程度上修复了孔壁的缺陷,因此含孔结构件经开缝衬套挤压后疲劳寿命提高较大。

表 4-1   疲劳试验结果

挤入方式	寿命/ 10^5 次				相对未挤压提高寿命
	①	②	③	④	
未挤压	0.954	0.651	0.827	0.811	1
芯棒直接挤压	1.411	2.162	0.995	1.523	1.88
开缝衬套挤压	4.872	4.803	6.831	5.502	6.78

飞机结构件孔经冷挤压强化后,其疲劳寿命显著提高。芯棒挤压时,轴向挤压力导致孔壁金属流向孔口进而形成孔边凸台,因此孔口成为疲劳薄弱点;开缝衬套挤压时,金属轴向流动较少,且衬套也避免了挤压时芯棒对孔壁的划伤;在挤压量大小一致的情况

下,含孔结构件经开缝衬套挤压后疲劳寿命提高较大,因此推荐使用开缝衬套对紧固件孔进行挤压强化。

4.4　螺纹滚压强化

航空航天对螺栓类紧固件具有较高的疲劳寿命要求,螺栓螺纹的加工要求在热处理后,采用专用模具进行滚压加工[13]。大量试验数据和工业应用表明,对于滚压加工的金属零件使其表层产生微小塑性变形,能改善金属材料的晶粒组织,产生冷作硬化现象,即产生残余压应力,这对于提高零件性能、质量和使用寿命等具有非常明显的效果[14-16]。航空航天螺纹紧固件的螺纹滚压就是利用这一原理来成型螺纹,由于此方法属于一种无屑加工工艺,不切断金属的纤维,使金属流线保持完整。相比切削加工,滚压螺纹表面质量好,加工效率高,加工的紧固件具有较高的机械强度。对于超高强度钢如 300M 钢、A100 钢等材料,因其具有较高的抗拉强度及断裂韧性、良好的抗腐蚀性能等特点,而广泛应用于飞机起落架作为主要承力构件。但随着零件材料强度的提高,其应力集中敏感度也提高了,导致疲劳强度大幅度降低。应力集中通常出现在零件的内部或表面缺陷、表面不连续或突变等位置,零件中的螺纹是应力集中最常见的部位之一,而带螺纹的零件是起落架系统中用得最多的零件之一,大到缓冲支柱活塞杆、外筒,小到螺栓、螺母等;因此,带螺纹结构零件的抗疲劳制造是起落架零件制造的一项关键技术。针对螺纹零件的抗疲劳制造,不同螺纹有不同的制造方法。通常,内螺纹可采用冷挤压加工法来提高螺纹的疲劳寿命。该方法是一种渐变过程,利用挤压丝锥的锥部棱齿反复多次挤压工件金属,使金属发生塑性变形,流动的金属填充到挤压丝锥齿沟而在工件上形成内螺纹;外螺纹则采用滚压加工成型法提高螺纹的疲劳寿命。但上述方法只适用于强度相对较低的金属材料,拉伸强度一般 $\leqslant 1\,400$ MPa,而起落架零件用超高强度钢材料,其抗拉强度 $>1\,800$ MPa,最终热处理后的硬度约为 50HRC,无法通过滚压加工成型、冷挤压加工成型螺纹而提高螺纹零件的疲劳寿命。但可以通过对已加工成型的螺纹牙底采用专用滚轮进行滚压强化的方法,使其发生适当的微小塑性变形,改善表面形貌,引入残余压应力,以提高其疲劳性能。

《1240MPa 级轻型钛合金高锁螺栓通用规范》(Q/9S289—2015)中规定头下圆角和螺纹承载面及中径以下应无不连续性缺陷,如图 4-18(a)所示,螺纹非承载面的中径以上部位的折叠、表面缺陷对于 $\phi6$ 规格应<0.12 mm,如图 4-18(b)所示。在金相显微镜下观察,可以看到冷滚压螺纹牙顶出现折叠超差的情况比较普遍,如图 4-19 所示,牙顶折叠约153 μm 深,超过了《1240MPa 级轻型钛合金高锁螺栓通用规范》(Q/9S289—2015)中规定的 $\phi6$ 规格折叠深度允许最大值 0.12 mm 的要求,而温滚压方式制成的螺纹则满足标准要求。这是因为 1 240 MPa 级钛合金强度高,常温下塑性差。螺纹在滚压成形过程中,材料的塑性变形抗力加大,硬度和强度得到提高,而塑性和韧性下降,即产生"加工

硬化"现象,极易使螺纹牙顶形成裂纹和折叠等缺陷。加热到一定温度后,材料塑性得到改善,起到软化材料的效果,减小了加工硬化,增加金属的流动性,因而在螺纹滚压过程中,可以减小牙顶部位折叠深度甚至不会产生折叠缺陷。

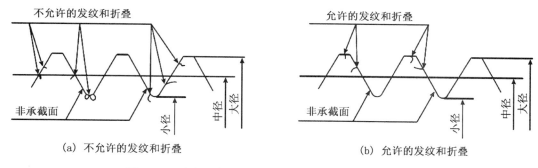

(a) 不允许的发纹和折叠   (b) 允许的发纹和折叠

图 4-18   钛合金高锁螺栓通用规范规定的螺纹缺陷要求

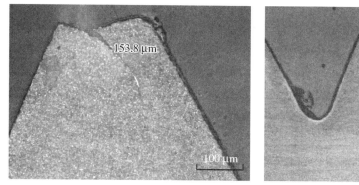
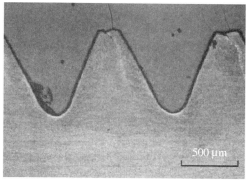

(a) 牙顶   (b) 全螺纹

图 4-19   冷滚螺纹金相照片

　　Ti-5553 高强钛合金高锁螺栓温滚压螺纹的金相检测结果如图 4-20 所示,可以看到,其材料组织由圆粒状的初生 α 相和 β 相转变基体组成,β 相基体中存在大量次生 α 相。滚压螺纹使材料的组织晶粒发生形变,各晶粒均沿变形方向变形和扭曲,被拉成条形而成纤维状,因此从图 4-20(b) 可以看到晶粒流线。从图 4-20(c) 和 (d) 中可以看出,螺纹槽牙型底部金属表面层的变形最剧烈,纤维组织被压扁,难以分辨出晶粒。正是这部分变形层的存在,使晶格产生畸变,位错运动受阻。相邻晶粒位向不同,为保持连续性而相互约束,使得材料的塑性变形抗力显著加大,致使材料的硬度和强度显著升高,塑性和韧性下降,产生"加工硬化"现象。随着距表层深度的增加,晶粒变形程度逐渐减小,越接近芯部,如图 4-20(e) 所示,越呈现原始组织的形态。

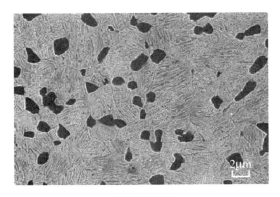

（a）螺纹芯部

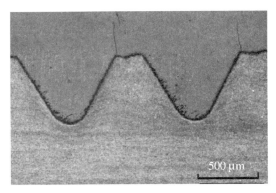

（b）完整螺纹晶粒流线

（c）螺纹根部

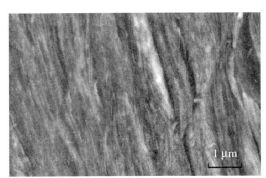

（d）螺纹根部表面组织

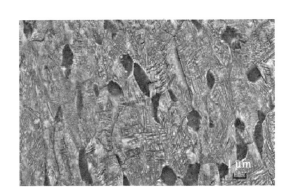

（e）螺纹根芯部组织

图 4-20　温滚螺纹金相照片

1. 滚压方式对抗拉强度的影响

　　Ti-5553 高强钛合金抗拉强度失效样如图 4-21 所示,可以看出,失效部位是螺纹部位,说明抗拉型钛合金高锁螺栓的抗拉薄弱部位是螺纹。因此,螺纹的加工质量对此螺栓的性能将产生直接影响。图 4-22 显示了 Ti-5553 高强钛合金高锁螺栓经温滚压和冷滚压后的抗拉强度检测结果,温滚压时的抗拉强度小于冷滚压时的抗拉强度,平均差值约 0.5 kN。说明冷滚压时的加工硬化较温滚压时严重,材料的强度得到提高;温滚压时材料的塑性有所改善,加工硬化现象有所缓解。冷滚和温滚螺纹后的抗拉强度均大于29 kN,标准要求为 24.2 kN,均有 20% 的富余量,0.5 kN 的差值不会影响高锁螺栓的性能。对于大规格的高强钛合金高锁螺栓,冷挤压还会使滚丝轮崩齿,造成滚丝轮寿命减小。因此,对于 1 240 MPa 级高强钛合金高锁螺栓,螺纹滚压方式一般采用温滚螺纹。

图 4-21　Ti-5553 抗拉型钛合金高锁
螺栓抗拉失效照片

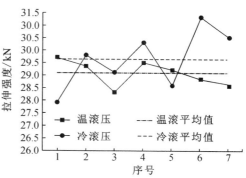

图 4-22　Ti-5553 高锁螺栓抗拉强度对比

2. 滚压方式对螺纹显微硬度的影响

图 4-23 显示了温滚压和冷滚压 Ti-5553 高强钛合金高锁螺栓后的螺纹各部位显微硬度检测结果,可以看出冷滚压后的螺纹各部位的显微硬度基本都稍高于温滚压后的螺纹各部位的显微硬度。而且无论是螺纹牙顶、牙底还是收尾环槽,温滚螺纹和冷滚螺纹后各位置的显微硬度曲线规律是一致的。如图 4-23(a)所示,从牙顶沿径向往轴心距离牙顶 0.39 mm 的范围内,显微硬度逐渐降低;再往轴心至 0.6~0.9 mm 的范围内,显微硬度急剧升高;再往轴心至芯部,显微硬度稍有降低。纵观螺纹牙顶至轴心的显微硬度,在与牙底等同的位置高度,上下 0.2~0.3 mm 的范围内最高。牙顶显微硬度偏低,由牙顶向轴心方向约 0.3 mm 的位置,显微硬度最低,这是由于螺纹毛坯受滚丝轮的挤压,滚轮牙顶直接与毛坯材料接触的部分形成螺栓螺纹牙底,促使多余的金属不断向上流动而逐步形成牙顶。中径以上部位的金属流动不显著,因而此部位显微硬度偏低。总体来说,螺纹滚压使螺纹牙顶部位的部分金属材料得到硬化。

如图 4-23(b)和(c)所示,从牙底和环槽底沿径向至轴心,显微硬度检测结果显示两部位的规律基本一致,无论从牙底还是环槽底表面层往下 0.38 mm 处的显微硬度最高,芯部的显微硬度偏低。滚轮滚压螺纹牙底和环槽的结果使螺纹牙底和环槽底表面层一定范围内的材料得到强化。收尾环槽处由于使用环槽滚轮单独滚压,硬化层的深度比螺纹牙底的要深。

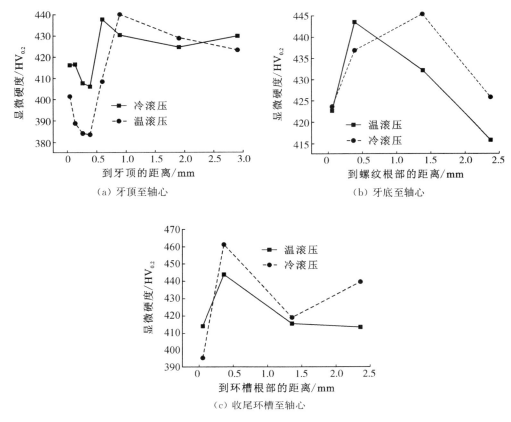

图 4-23　Ti-5553 高锁螺栓螺纹各部位显微硬度

4.5　压印强化

　　压印强化是一种快速、经济的表面强化方法,可以有效提高飞机结构的疲劳强度使之比以前更均衡[17]。基本上,压印强化过程是道格拉斯飞机公司所提出的一项专利技术,涉及控制孔内部以及孔和槽周围的材料发生屈服。压印强化会产生残余压缩应力,从而抵消集中在这些承载区域周围的负载引起的拉应力。该方法可以在重载环境下使用,以延长零部件的疲劳寿命和提高构件的抗应力腐蚀性能。研究结果表明,不同的飞机结构样件经压印强化后疲劳寿命均提高了约四倍,显著延长了零部件的服役寿命。

　　试验结果表明,无孔结构比开孔结构的疲劳寿命更长,因为孔边具有严重的应力集中现象,更有利于裂纹在孔边的萌生和扩展。而压印强化作为一种新的表面强化技术,可以有效提高开孔结构和紧固件结构的疲劳强度。目前,主要有三种需要压印强化的情况:

　　(1) 半径应力压印可松配合孔和 0.188 in① 厚狭缝的疲劳强度。此过程会在孔边压

――――――――――

　　①　1 in=2.54 cm。

出一个半径为 0.03 in 的圆弧压痕,如图 4-24 所示。

(2)垫片压印强化增加了构件中松配合孔和机翼纵梁中燃料传输槽的疲劳强度。垫片凹部是在围绕孔或槽的表面材料中形成约 0.004 in 深的压痕。此过程适用于厚度大于等于 0.188 in 的材料(图 4-25 和图 4-26)。

图 4-24　薄板松配合孔的压印强化

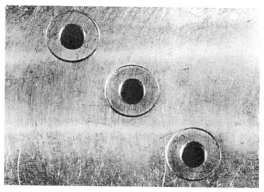

图 4-25　厚板松配合孔的垫片压印强化

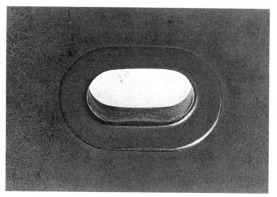

图 4-26　燃油传输槽的压印强化

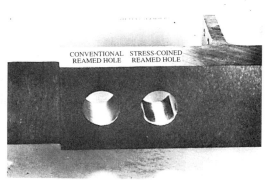

图 4-27　传统孔和压印强化扩孔比较

(3)压印强化扩孔会增加螺栓、铆钉、衬套和轴承的紧公差孔的疲劳强度。该过程从一个尺寸较小的孔开始,该孔通过润滑的膨胀销钉塑性膨胀到最终直径。此方法适用于飞机最终组装中的任何材料厚度组合(图 4-27)。

压印强化会在孔边引入残余压应力,该残余压应力可通过降低裂纹萌生出的局部平均应力而延长构件疲劳寿命,但应力幅保持不变(图 4-28)。

通过在紧固件安装之前应用压印强化技术,可以提高重型结构的疲劳寿命。用于紧固孔的应力硬币膨胀通过孔内部的塑性变形引起有利的残余压缩应力。在将锁舌安装到较厚的材料中之前进行应力模压会增加疲劳强度,因为这样便可以将孔扩展到受控的低过盈配合。孔内的镜面涂层使锁紧螺栓的安装变得容易,而残余压应力抵消了外加载

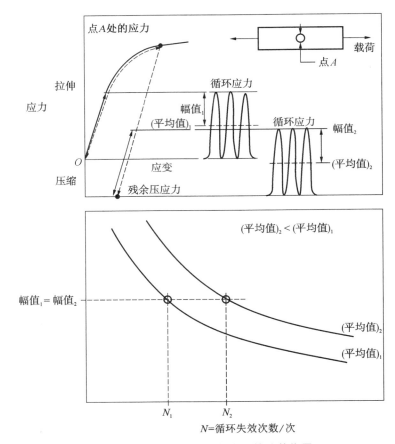

图 4-28　压印强化对局部应力的改善作用

荷对疲劳强度的干扰作用。此过程会对孔周施加预应力，并且在孔与孔的交界处进行较
小半径的冷加工（图 4-29）。

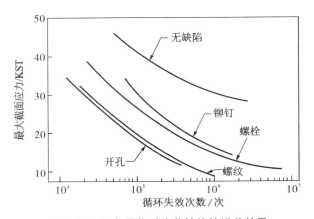

图 4-29　压印强化对疲劳性能的增益效果

4.6　超声冲击强化

4.6.1　对疲劳性能的作用

　　超声冲击处理是目前国际上公认最有效、最便捷的提高焊接接头疲劳强度的新技术。前面已经提到,该技术能够延长接头疲劳寿命,消除焊接残余应力,抑制焊接裂纹,减小变形,适合于各类结构。经超声冲击处理后在焊趾处会产生圆滑过渡,可降低焊趾处的应力集中系数和疲劳缺口的敏感度[18-20]。降低应力集中效应也就是降低了对载荷材料的损坏作用,也就降低了疲劳破坏的概率。通过超声冲击处理,还能够有效地消除焊趾处浅层裂纹、夹渣等焊接缺陷。

　　大量研究结果表明,超声冲击处理后,焊接接头及其结构疲劳性能得到显著改善。

赵小辉、王东坡等[21]利用自行研制的
HJ-Ⅱ型超声冲击处理装置,对钛合金
十字接头焊趾处进行了处理,并对接头
的疲劳性能进行了研究。如图 4-30 所
示,超声冲击处理非常显著地提升了焊
接接头的疲劳强度。结果表明,在高应
力比 $R=0.5$ 加载条件下,非承载超声
冲击处理的 TC4 钛合金焊接接头较原
始焊态的疲劳强度提高了约73.5%,寿
命延长了 12~17 倍,承载超声冲击处
理的 TC4 钛合金焊接接头较原始焊态
的疲劳强度提高了 148.1%,寿命延长
了 23~26 倍。

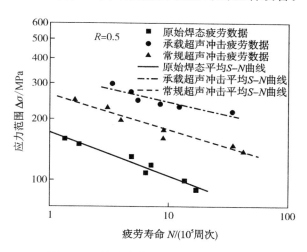

**图 4-30　钛合金十字接头在 3 种处理
情形下的 S-N 曲线对比[21]**

　　王东坡、曹军辉等[22]在高应力比 $R=0.5$ 加载条件下采用 T 形管接头形式进行焊态、承载和非承载超声冲击处理试件的疲劳对比试验。试验结果表明:在高应力比 $R=0.5$ 加载条件下,管接头承受静载后再使用超声冲击方法对其进行处理仍然能够大幅度地延长焊接管接头的疲劳性能;在承载超声冲击处理条件下,20 号钢 T 形管接头的疲劳强度(应力比 $R=0.5$)提高了 66%,疲劳寿命延长了 3.8~4.0 倍;使用承载超声冲击处理这种工艺方法不仅可以在低中应力水平、中长寿命范围内改善焊接管接头的疲劳性能,也可以在高应力范围内改善其疲劳性能。因此,承载冲击这种工艺方法,在一定程度上克服了承载前超声冲击方法对焊接接头疲劳性能改善程度在高应力区域内大幅度降低的缺点。

　　邓彩艳、牛亚如等[23]采用承载超声冲击处理的方法对 20 号钢 T 形管接头进行处

理,并与原始焊态、非承载冲击处理态试件进行了对比。钢材屈服强度270 MPa,接头形式如图 4-31 所示。结果表明,在高应力比 $R=0.75$ 的加载条件下,与原始焊态接头相比,非承载超声冲击和承载超声冲击的疲劳强度(2×10^6 周次下)分别提高了 23% 和 70%,疲劳寿命分别延长了 1.4 倍和 5.6～8.5 倍。S-N 曲线如图 4-32 所示。从超声冲击处理区域表层组织、接头焊趾区表层硬度、焊接接头残余应力等方面比较了承载和非承载超声冲击提高焊接接头疲劳性能的异同,并采用有限元软件 ABAQUS 模拟了两种超声冲击处理下焊接接头的应力分布,与非承载冲击处理试件相比,承载冲击处理试件表面压缩应力值大,压缩应力层深。

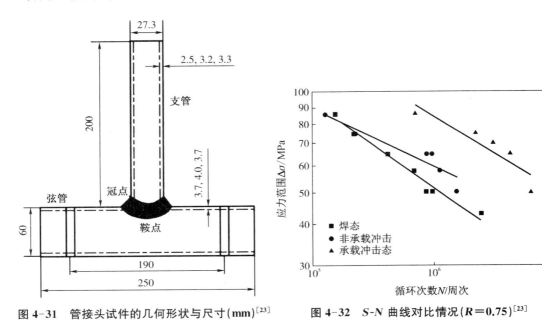

图 4-31　管接头试件的几何形状与尺寸(mm)[23]　　　图 4-32　S-N 曲线对比情况($R=0.75$)[23]

　　王东坡、周达等[24]对超声冲击法提高焊接接头疲劳强度的机理进行了分析。通过工具显微镜和维氏硬度计,测量了超声冲击处理前后焊趾区的几何形状与硬度的变化,并应用疲劳缺口系数的概念及 Dang Van 准则,对超声冲击造成的焊趾区几何形状的变化及残余压缩应力对接头疲劳性能改善的影响行为进行了研究。结果表明,对于低中强钢来说,超声冲击处理焊接接头疲劳性能的改善主要是由焊趾部位形成的残余压应力及改善焊趾几何外形这两个因素引起的,硬化的作用相比次之。研究表明,冲击处理对焊接接头应力集中程度的降低,主要是通过增加焊趾区过渡半径来实现的。

　　由于焊趾部位残余压缩应力和过渡半径的引入,本应出现于焊趾的裂纹扩展被延后出现,从而将结构的裂纹萌生寿命极大延长。图 4-33 给出了超声冲击处理前后焊缝部件的裂纹扩展寿命对比。

　　超声冲击处理在焊趾区形成表面压应力的大小和改善疲劳强度的效果,与被处理焊接接头的母材静强度有一定的相关性[19,25]。在一定的范围内随着母材静强度的增加,超

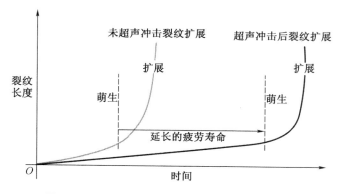

图 4-33　超声冲击处理前后焊缝部件的寿命对比

声冲击处理提高焊接接头疲劳强度的效果越来越好,同时表面压缩残余应力、改善焊趾几何外形的作用也越大。

对于低强钢焊接接头,主要是超声冲击处理在焊趾部位形成的表面压应力降低了应力循环比而提高了疲劳强度[18],而材料硬化及改善焊趾几何外形这两个因素所起的作用不大。而对于中高强钢焊接接头,超声冲击处理残余压缩应力对提高接头疲劳强度的作用最大,改善焊趾几何外形的作用次之,硬化的影响最小。

2013 年,国际焊接学会(IIW)通过一系列研究成果,提出了超声冲击处理的疲劳评估指导[26]及质量控制措施[27],给出了在名义应力法、结构应力法和缺口应力法下的疲劳强度设计推荐,如图 4-34、图 4-35 所示。该设计推荐考虑到超声冲击处理后的疲劳强度随母材强度上升的规律,其应用范围为板厚 5~50 mm 的焊接接头,钢材屈服强度235~950 MPa,以及变幅载荷和不同应力比 R 下的处理方法。图为应力比 $R \leqslant$ 0.15 的情况。

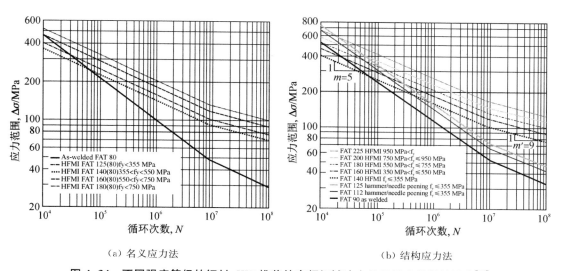

（a）名义应力法　　　　　　　　　　（b）结构应力法

图 4-34　不同强度等级的钢材,IIW 推荐的高频机械冲击处理后疲劳设计强度[26]

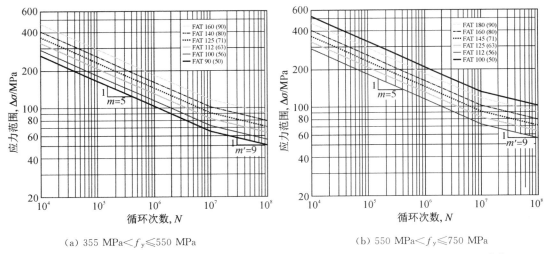

(a) 355 MPa<f_y≤550 MPa   (b) 550 MPa<f_y≤750 MPa

图 4-35 不同强度等级的焊接接头, IIW 推荐的高频机械冲击处理后的疲劳设计强度[27]

与之类似, 我国的《金属材料 残余应力 超声冲击处理法》[28] (GB/T 33163—2016) 指出, 超声冲击强化适用于材料厚度大于 4 mm、屈服强度不大于 900 MPa、断后伸长率大于 5% 的金属构件的消除残余应力处理。但对于焊后处理的疲劳强度设计推荐值, 尚未作出具体规定。

4.6.2 对耐腐蚀的作用

图 4-36 给出了超声冲击处理后的金属表面性质变化分布示意图[29], 可以将处理后的结构表层划分为 4 个不同区域, 各个区域的性质变化特点如图 4-36 中表格所述。

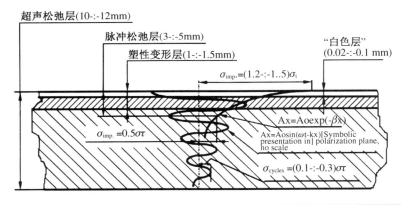

区域	冲击处理后所变化的材料性质
白色层	耐磨性, 耐腐蚀性
塑性变形层	疲劳极限, 变形均匀化, 腐蚀疲劳强度
脉冲松弛层	初始状态的焊接残余应力和应变降低约 70%
超声松弛层	初始状态的焊接残余应力和应变降低约 50%

图 4-36 超声冲击处理的影响区域划分及特点[29]

在超声冲击过程中,冲击点内材料经历快速局部加热和快速散热,并发生强烈的塑性变形。这些效应相叠加,会在表面产生具有新特性的材料,在金相照片上显示为"白色层"[29]。该层材料接触强度高,不容易腐蚀,因而是超声冲击强化提高耐腐蚀强度的主要原因。超声冲击处理 10Mn2VBe 获得的白色层如图 4-37 所示。

图 4-37 超声冲击处理区域的白色层[29]

超声冲击在表面形成的耐腐蚀层和引入的压缩残余应力一起作用,可以有效提高结构的耐腐蚀疲劳性能。根据工程经验,在结构加工过程中产生的拉伸残余应力是影响腐蚀疲劳性能的主要原因,所以超声冲击处理是一种潜在改善焊接结构腐蚀疲劳性能的有效方法。如图 4-38 所示,张德红[30]以某冶炼厂的 A106-B 亚共晶碳钢管对接接头为研究对象,探索了超声冲击处理对焊管腐蚀疲劳行为的影响。研究结果表明:超声冲击处理使焊趾形状明显改变,焊趾角度降低 50%,半径增加 15.5 倍,显著降低了应力集中程度,如图 4-39 所示。残余应力测试结果如图 4-40 所示,超声冲击处理同时使试样表面拉伸残余应力得到有效释放,最大应力由 230 MPa 降至 120 MPa,并在近表面区域引入压缩残余应力。

 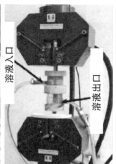 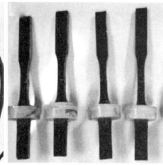 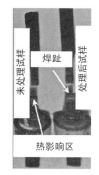

（a）处理后焊缝几何　（b）腐蚀疲劳试验装置　（c）腐蚀疲劳试样实物图　（d）试验后的腐蚀疲劳试样

图 4-38 超声冲击强化对腐蚀疲劳的影响[30]

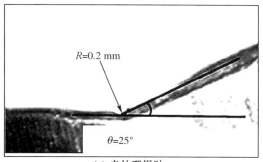 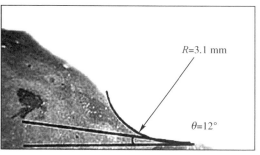

（a）未处理焊趾　　　　　　　　　　　（b）处理后焊趾

图 4-39 超声冲击处理前、后焊趾几何形貌对比[30]

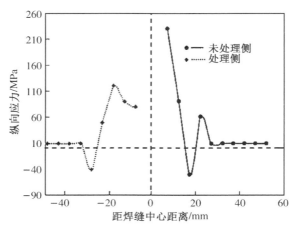

图 4-40　距离表面 1 mm 处的残余应力分布[30]

此外,超声冲击处理还可细化材料表面晶粒,如图 4-41 所示,超声冲击处理后,焊趾处的微观组织也发生了显著改变,原本粗大的晶粒变成均匀细化的晶粒,分布均匀的组织提升了局部腐蚀抗力。

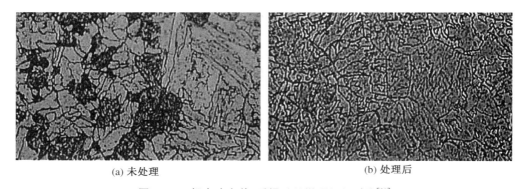

(a) 未处理　　　　　　　　　　　　(b) 处理后

图 4-41　超声冲击前、后焊趾处微观组织对比[30]

因此,超声冲击处理对残余应力的峰值应力和分布规律都有了显著影响。通过超声冲击处理,有效降低了峰值拉伸应力,使焊趾处及周围一定范围内的残余应力由对疲劳有害的拉应力转变为对疲劳有益的压应力。而且,超声冲击处理后材料微观组织更加均匀细小,提高了其局部腐蚀的抗力。所以,超声冲击处理后,焊接接头的耐腐蚀强度和腐蚀疲劳寿命明显提升。

4.7　低塑性抛光

低塑性抛光相较于一般的表面改性技术可以在更低的冷作变形下引入更深层的残余应力场,同时该残余应力场也已被证实具有更好的热稳定性,这些优势使得低塑性抛光技术除了提高材料室温、高温下的高周疲劳性能外,在改善微动疲劳性能、耐腐蚀性能以及抗外物损伤等方面也更具有优势。下面将以残余应力提高疲劳性能以及耐腐蚀性能为例展开介绍。

4.7.1 对疲劳性能的作用

低塑性抛光所引入的残余压应力场可以有效地抵消一部分部件工作状态下的拉应力,并能抑制裂纹的萌生与扩展,从而可有效提高部件的疲劳寿命以及疲劳强度。Avilés R 等人[31]通过研究表明低塑性抛光可以有效提升 AISI 1045 钢的疲劳性能,且性能的改善主要源于四个方面:①低塑性抛光使得试样的轴向产生了超过 600 MPa 的表面残余压应力,同时切向也产生了 300 MPa 以上的表面残余压应力,如图 4-42 所示;②试样表面粗糙度有所降低;③近表层的晶粒尺寸减小了 50%;④表面硬度 HBN 提高了 20%～25%。上述原因中,残余应力对疲劳性能的改善起到了关键作用。图 4-43 为 AISI 1045 钢试样旋转弯曲疲劳寿命曲线,直观展示了低塑性抛光处理后试样疲劳极限的提升,此外根据断口扫描还发现疲劳裂纹往往形核于晶界处,因为这些区域表现出了微观的应力集中现象,同时残余压应力也较其他位置更低一些,因此更利于裂纹的形核,这一现象从侧面说明了残余应力场对抑制裂纹萌生与扩展的重要性。

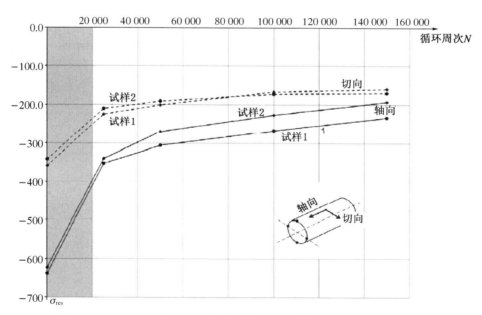

图 4-42　AISI 1045 钢试样低塑性抛光后轴向与切向的表面残余应力[31]

Prevéy P S 等人[32]还对低塑性抛光处理后的 Ti-6Al-4V 高温疲劳性能展开了研究,结果表明与传统的喷丸处理相比,低塑性抛光引入的残余压应力场表现出更好的抵抗热松弛以及过载松弛的能力。将表面强化后的材料置于与飞机发动机内相当的高温

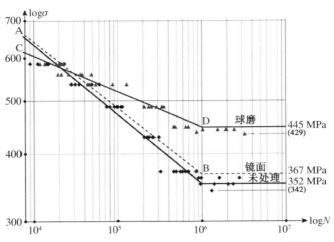

图 4-43　AISI 1045 钢试样旋转弯曲疲劳寿命曲线[31]

下,低塑性抛光处理后的材料,其 $2×10^6$ 次疲劳寿命所对应的疲劳强度比喷丸强化后的试样高出了 40%。此外,在抗外物损伤能力方面,喷丸强化后的试样在遭受外物损伤后高周疲劳强度会降低一半,但低塑性抛光处理后的试样则基本没有变化,上述高周疲劳性能以及抗外物损伤能力的优势都归功于低塑性抛光所产生的深层残余压应力场。

4.7.2　对耐腐蚀性能的作用

相关研究表明低塑性抛光对 7075-T6 铝合金的耐腐蚀性能以及腐蚀疲劳性能也都有较好的改善作用[33],图 4-44 为 7075-T6 铝合金机械加工试样以及低塑性抛光试样在腐蚀环境下的疲劳寿命曲线,可以发现:

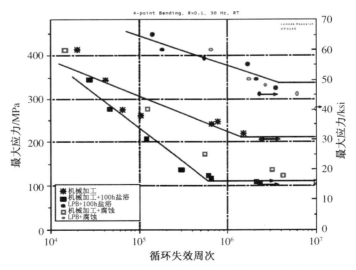

图 4-44　7075-T6 铝合金机械加工试样以及低塑性抛光试样在腐蚀环境下的疲劳寿命曲线[33]

（1）经过 100 h 的腐蚀后，机械加工试样的疲劳极限由原来的 205 MPa 降低至 100 MPa，减少了接近一半，但是腐蚀前先经低塑性抛光处理的试样，其疲劳极限却超过了 310 MPa，是同等腐蚀情况下机械加工试样的 3 倍，甚至比未腐蚀的机械加工试样还高出了 50%；以低塑性抛光试样的疲劳极限作为基准，此时低塑性抛光试样的疲劳寿命比机械加工试样的寿命高出 100 倍以上。

（2）在腐蚀环境下同时进行疲劳试验，此时低塑性抛光处理的试样疲劳极限仍要远高于机械加工试样，同一应力水平下的腐蚀疲劳寿命也是低塑性抛光试样远高于机械加工试样。

上述疲劳寿命和强度的提高都归因于引入了残余压应力场，残余压应力场的存在能够有效抑制疲劳裂纹的萌生和扩展，即使在腐蚀环境中亦是如此。当残余压应力的深度和数值足够大时便可以闭合比残余压应力层浅的腐蚀坑所产生的裂纹以及改变疲劳裂纹的形核方式。

参 考 文 献

［1］高玉魁.表面强化工艺技术在航空航天构件上的发展与应用[J].金属加工（热加工），2008(13)：17-21.

［2］高玉魁，李向斌，殷源发.超高强度钢的喷丸强化[J].航空材料学报，2003,23(S1):132-135.

［3］高玉魁.喷丸强化对 TC21 高强度钛合金疲劳性能的影响[J].金属热处理，2010,35(8)：30-32.

［4］高玉魁.高强度钢喷丸强化残余压应力场特征[J].金属热处理，2003,8(4):42-44.

［5］孙昀杰.激光喷丸强化对医用 Ti6Al4V 合金腐蚀磨损性能的影响[C]//中国机械工程学会特种加工分会、广东工业大学.特种加工技术智能化与精密化——第 17 届全国特种加工学术会议论文集（摘要）.中国机械工程学会特种加工分会、广东工业大学:中国机械工程学会，2017:189.

［6］乔红超，胡宪亮，赵吉宾，等.激光冲击强化的影响参数与发展应用[J].表面技术，2019，48(12)：1-9,53.

［7］高玉魁，仲政，雷力明.激光冲击强化和喷丸强化对 FGH97 高温合金疲劳性能的影响[J].稀有金属材料与工程，2016，45(5)：1230-1234.

［8］高玉魁，蒋聪盈.激光冲击强化研究现状与展望[J].航空制造技术，2016(4)：16-20.

［9］中国航空科学技术研究院.飞机结构抗疲劳断裂强化设计手册[M].北京:航空工业出版社,1993.

[10] Gaerke J, Zhang X, Wang Z. Life enhancement of fatigue aged fastener holes using the cold expansion process [J]. Journal of Aerospace Engineering, Process Institution Mechanical Engineers, Part G, 2000, 214(5):281-293.

[11] Chakherlou T N, Vogwell J. The effect of cold expansion on improving the fatigue life of fastener holes[J]. Engineering Failure Analysis, 2003, 10:13-24.

[12] 欧阳小穗. 孔挤压强化工艺对叠层元件疲劳寿命影响分析[D]. 上海：上海交通大学，2011.

[13] 孙小炎，杨林. 航天紧固件实用手册[M]. 北京：国防工业出版社，2006.

[14] 李风雷，夏伟，周惠耀. 滚压加工中工件表层微塑性变形深度的解析分析和有限元验证[J]. 机械设计与制造，2008(9)：62-64.

[15] 杨擢. 热处理后滚压螺纹对 30CrMnSiA，30CrMnSiNi2A 钢螺栓缺口敏感性的影响[J]. 航空制造技术，2001(5)：69-71.

[16] 许正功，陈宗贴，黄龙发. 表面形变强化技术的研究现状[J]. 装备制造技术，2007(4)：69-71.

[17] Speakman E R. Fatigue life improvement through stress coining methods[M]//Achievement of High Fatigue Resistance in Metals and Alloys. ASTM International，1970.

[18] 王东坡. 改善焊接头疲劳强度超声冲击方法的研究 [D]. 天津：天津大学，2000.

[19] Yildirim H C，Marquis G B. Overview of Fatigue Data for High Frequency Mechanical Impact Treated Welded Joints [J]. Welding in the World，2012，56(7-8)：82-96.

[20] Yildirim H C. Fatigue strength assessment of HFMI-treated butt welds by the effective notch stress method [J]. Welding in the World，2014，58(3)：279-288.

[21] 赵小辉，王东坡，王惜宝，等. 承载超声冲击提高 TC4 钛合金焊接接头的疲劳性能 [J]. 焊接学报，2010，31(11)：57-60.

[22] 王东坡，曹军辉，霍立兴，等. 承载超声冲击方法改善高应力比加载条件管接头疲劳性能 [J]. 机械工程学报，2006，42(5)：144-148.

[23] 邓彩艳，牛亚如，龚宝明，等. 承载超声冲击下焊接接头疲劳性能的改善 [J]. 焊接学报，2017，38(7)：72-76，132.

[24] 王东坡，周达. 超声冲击法提高焊接接头疲劳强度的机理分析 [J]. 天津大学学报，2007，40(5)：623-628.

[25] Yildirim H C，Marquis G B. Fatigue strength improvement factors for high strength steel welded joints treated by high frequency mechanical impact [J]. International Journal of Fatigue，2012，44：168-176.

[26] Marquis G B，Mikkola E，Yildirim H C，et al. Fatigue strength improvement of steel structures by high-frequency mechanical impact：proposed fatigue assessment guidelines [J]. Welding in the World，2013，57(6)：803-822.

[27] Marquis G，Barsoum Z. Fatigue strength improvement of steel structures by high-frequency mechanical impact：proposed procedures and quality assurance guidelines [J]. Welding in the World，2014，58(1)：19-28.

[28] 金属材料 残余应力 超声冲击处理法：GB/T 33163—2016[S]. 北京：中国标准出版社，2016.

[29] Statnikov E S，Korolkov O V，Vityaze V N，et al. Physics and mechanism of ultrasonic impact impact [J]. Ultrasonics International，2006，44(1)：533-538.

[30] 张德红. 超声冲击处理对 A106-B 焊管腐蚀疲劳的影响 [J]. 粉末冶金材料科学与工程，2019，24(3)：267-272.

[31] Avilés R，Albizuri J，Rodríguez A，et al. Influence of low-plasticity ball burnishing on the high-cycle fatigue strength of medium carbon AISI 1045 steel[J]. International journal of fatigue，2013，

55：230-244.

[32] Prevéy P S, Shepard M J, Smith P R. The effect of Low Plasticity Burnishing (LPB) on the HCF performance and FOD resistance of Ti-6AI-4V[R]. Air Force Research Lab Wright-Patterson AFB OH Materials and Manufacturing Directorate，2001.

[33] Prevéy P S, Cammett J T. The influence of surface enhancement by low plasticity burnishing on the corrosion fatigue performance of AA7075-T6[J]. International Journal of Fatigue，2004，26(9)：975-982.

5 表面形变强化的工程应用

表面形变强化的作用机理主要是通过特定的技术手段使构件表面产生高幅值的残余压应力,从而有效抑制裂纹的萌生与扩展,进而提高以抗疲劳性能为主的多种使用性能。新技术是为了更好地服务工程实践,而工程实践的需求也转而促进了技术的发展。本章将结合工程实践介绍各表面形变强化技术在工程领域内的应用和发展。

5.1 喷丸强化

喷丸强化作为工业领域中历史最悠久、应用最广泛的表面强化手段之一,距今已有100多年的历史。早在1908年,美国制造出了激冷钢丸,金属弹丸的出现不仅使喷砂工艺获得了迅速发展,更促使了金属表面喷丸强化技术的产生。1929年,在美国由Zimmerli等人首先将喷丸强化技术应用于弹簧的表面强化,取得了良好的效果[1],后来该工艺逐渐从航空和军事领域应用中走向成熟。我国从20世纪60年代开始尝试使用喷丸技术来提高航空零件的疲劳性能,并取得了显著成果;随后经过60多年的发展,喷丸工艺已经逐渐发展为区别于冷热加工外的新型特种加工技术。其中喷丸设备和喷丸介质发展较快,喷丸设备由原创时期几乎完全依靠人工操作完成各种零件强化处理,现已研发出计算机数字控制(Computer Numerical Control,CNC)多轴联动的喷丸设备,基本实现严格按照喷丸工艺对指定位置完成强化处理;喷丸介质逐渐由早期单一的铸铁弹丸发展出不锈钢丸、钢丝切丸、玻璃丸和陶瓷丸等适用不同需求的新品种。喷丸强化工艺规范、标准通过近几十年各国研究人员不断的制定、修改,已经具备一定的理论基础[2]。

由于喷丸强化的应用场景十分丰富,因此本节将从两个主要方面展开,即航空航天领域以及汽车领域。

1. 航空发动机涡轮叶片

航空发动机涡轮叶片由于其恶劣的工作环境,所以对材料本身在高温下的抗疲劳性能有严苛的要求。以DD6合金为例,它是中国自主研制的第二代单晶高温合金,具有高温强度高、组织稳定性和铸造加工工艺性好以及良好的综合性能等优点,比第一代单晶高温合金DD3的承温能力提高约40℃,且与国外广泛应用的单晶高温合金PWA1844、Rene N5相比,由于其含铼量低,具有成本低的优势,而且其拉伸、持久、蠕变、疲劳、抗氧化及耐热腐蚀等性能都已达到或超过了国外的第二代单晶高温合金[3]。相关研究表明，对 DD6 合金进行喷丸强化，可以进一步提升其在高温下的疲劳性能。

DD6 合金在 760℃ 和 650℃ 高温下 400 MPa 的疲劳寿命试验结果如表 5-1 所示。喷丸强化可以提高单晶高温合金 DD6 的疲劳寿命，具有显著的表面强化效果。表面强化效果常常采用疲劳寿命增益系数（LIP）来进行评价，疲劳寿命增益系数指的是在同样的试验条件下，表面强化试样的疲劳寿命增加幅值与未表面强化试样的疲劳寿命之比。对于 760℃ 和 650℃ 高温下 400 MPa 的疲劳寿命试验而言，喷丸强化对疲劳寿命增益系数分别为 0.96 和 2.83，即喷丸强化在 760℃ 和 650℃ 高温下和 400 MPa 应力时使疲劳寿命分别提高约 1 倍和 3 倍。从疲劳寿命增益系数的数值大小来看，温度越高，喷丸强化效果越小，这与高温时喷丸残余应力的松弛有关。

表 5-1   **DD6 合金喷丸前后疲劳寿命对比**

T /℃	表面处理	最低寿命/次	最高寿命/次	平均寿命/次
650	未喷丸	2.0×10^4	3.0×10^4	2.4×10^4
650	喷丸	7.5×10^4	1.2×10^5	9.2×10^4
760	未喷丸	2×10^4	4×10^4	2.8×10^4
760	喷丸	5.0×10^4	7.5×10^4	5.5×10^4

DZ4 定向凝固高温合金也是航空工业涡轮叶片的主选材料之一，从使用角度而言，其疲劳性能好坏至关重要。由于喷丸强化易引起再结晶，所以国内外多研究喷丸强化工艺对高温合金再结晶行为及疲劳性能的影响，但如何发挥喷丸强化的效果，使其在各向异性材料构件上得以应用也是十分重要的[4]。为此本书作者曾对喷丸强化提高 DZ4 合金高温疲劳寿命进行了相关研究。

DZ4 定向凝固合金经过喷丸处理后微观组织发生了一定的转变。扫描电镜观察喷丸前疲劳试样表面，可见沿一定方向的细小磨痕，而经过喷丸强化后的试样表面磨痕已基本消除，表面形貌可见细小褶皱、凸凹和碾压等特征，为弹丸喷射到试样表面后所产生塑性变形后的特征，原有试样表面形貌完全被覆盖，如图 5-1、图 5-2 所示。

图 5-1   DZ4 合金喷丸前表面形貌

图 5-2   DZ4 合金喷丸后表面形貌

对喷丸前后试样进行表面粗糙度检测,喷丸前试样表面粗糙度 Ra 为 0.251 μm,喷丸后试样表面粗糙度 Ra 为 0.519 μm,粗糙度数值有所增加。粗糙度的增加主要由喷丸过程中形成的弹丸弹坑引起,将形成局部的应力集中,为喷丸弱化因素。喷丸后试样沿纵向剖开,经打磨抛光后进行腐试样表面出现了加工硬化变形层。表面显微硬度由喷丸前的 384 HV 增加为 450 HV,硬度增加了 66 HV,冷作加工硬化效应明显。

未喷丸强化和喷丸强化的光滑和缺口试样在 820℃ 高温下的疲劳 S-N 曲线分别见图 5-3、图 5-4 和图 5-5。由图 5-3 可知,$K_t=1$ 未喷丸试样 820℃ 高温下中值疲劳强度约为 370 MPa,喷丸强化试样的中值疲劳强度约为 375 MPa,二者几乎相当,这主要是因为光滑试样喷丸时引入的残余应力在高温下极易发生松弛,而且喷丸弹坑引起的应力集中弱化效应对于光滑试样比较敏感;$K_t=2$ 未喷丸试样 820℃ 高温下中值疲劳强度约为 322 MPa,喷丸强化试样的中值疲劳强度约为 357 MPa,提高了 11%;$K_t=3$ 未喷丸试样 820℃ 高温下中值疲劳强度约为 271 MPa,喷丸强化试样的中值疲劳强度约为 310 MPa,疲劳强度提高约 14%。

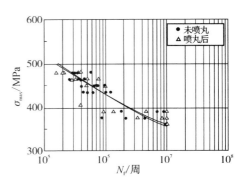

图 5-3　DZ4 合金在 820℃ 下 $K_t=1$ 喷丸前后疲劳 S-N 曲线

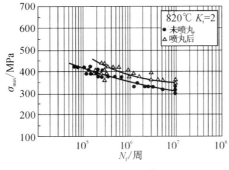

图 5-4　DZ4 合金在 820℃ 下 $K_t=2$ 喷丸前后疲劳 S-N 曲线

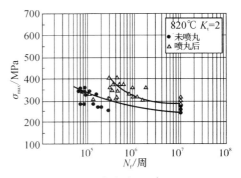

图 5-5　DZ4 合金在 820℃ 下 $K_t=3$ 喷丸前后疲劳 S-N 曲线

DZ4 定向凝固高温合金在高温下对疲劳的应力集中敏感性很强,$K_t=2$ 时疲劳强度下降 13%,$K_t=3$ 时疲劳强度下降 27%。而喷丸强化后虽然弹坑处也存在应力集中效应,但由于较缺口应力集中小,因此疲劳强度都不同程度地得到了提高;此外,由于缺口试样缺口处的应力状态比较复杂,喷丸引入的残余压应力即使在高温下也难以松弛,因此可有效缓和应力集中敏感性。$K_t=2$ 和 $K_t=3$ 的缺口试样,喷丸强化效果优于光滑试样,其原因可能是缺口根部喷丸强化时材料加工硬化程度较大,光滑试样喷丸将使粗糙度增加并产生应力集中,而且在高温下残余压应力发生松弛,所以喷丸强化对高温光滑试样的强化效果不太显著,而对缺口试样比较显著。此外,喷丸强化对 DZ4 定向凝固高温合金高温疲劳性能的影响规律是:随着应力集中系数的提高,喷丸强化效果增加。

与前述的 DD6 单晶合金进行对比可以发现,同样是喷丸处理,但二者的疲劳性能提升效果有较大差异,因此在努力提升航空发动机涡轮叶片使用性能的过程中,基础材料的选择是至关重要的一步,而强化手段、强化工艺的选择则是同样重要的另一步。

2. 航空发动机涡轮盘

涡轮盘是航空发动机最重要的热端部件之一。随着发动机性能的提高,涡轮盘的工作环境也越来越恶劣,需承受更复杂的热机械载荷,其正常工作与否直接关系到飞行器的飞行安全。TC11 钛合金是一种 $\alpha + \beta$ 型两相钛合金,相变温度为 1 000℃左右,450℃下可以工作 6 000 h,500℃下可以工作 500 h,综合力学性能优异,因此是航空发动机涡轮盘的典型合金材料。已有研究表明喷丸强化可以有效提高 TC11 的高周疲劳强度极限,明显改善其高周疲劳性能[5]。

经高周疲劳试验,测得的 TC11 钛合金两种状态下的疲劳升降曲线如图 5-6 所示,未喷丸的试样[图 5-6(a)]的升降范围波动性很大,喷丸试样[图 5-6(b)]升降规律更为明显。升降法数据处理参考文献[6],以首先出现一对与以前结果相反的数据,如在以后数据的应力波动范围之内,则可作为有效数据加以利用,否则就应舍去。计算高周疲劳强度时所有点均为有效点。升降法下疲劳强度 σ 计算如下:

$$\sigma = \frac{1}{n} \sum_{i=1}^{n} \sigma_i V_i \tag{5-1}$$

式中　　n ——试验次数;

σ_i ——第 i 级应力水准;

V_i ——第 i 级水平下试验次数。

由式(5-1)计算可得未喷丸试样疲劳强度值 σ 为 448 MPa;喷丸强化试样疲劳强度值 σ 为 616.5 MPa。

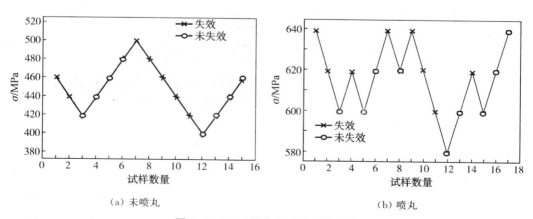

(a) 未喷丸　　　　　　　　　　(b) 喷丸

图 5-6　TC11 钛合金疲劳升降曲线

结合升降法和成组试验法数据拟合所得高周疲劳试验中未喷丸（0#）与喷丸（1#）试样的 S-N 曲线见图5-7，从升降法计算所得疲劳强度的喷丸试样比未喷丸试样增加了168.5 MPa，提升幅度达到37.6%，在 S-N 曲线上比较同等应力水平下疲劳寿命，喷丸试样强化效果极为显著。

通过观察如图 5-8 所示的 TC11钛合金喷丸前后显微组织可以发现，原始显微组织[图 5-8(a)]是由白色等轴状的 α 相和黑色的细小针状的 β

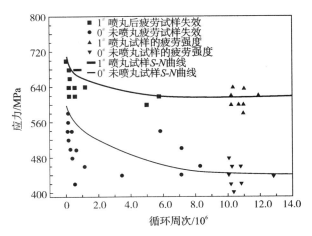

图 5-7　TC11 钛合金试样 S-N 曲线

转变相组成的α+β两相钛合金。在钛合金中,等轴组织的存在会使基体具有高的塑性和疲劳强度,且易于超塑性变形[7],这也是 TC11 钛合金具有较好力学性能的一个原因。当进行高能喷丸后会使表层位错和晶界增多,图 5-8(b)是喷丸试样的表层组织,可以发现在喷丸后表层附近呈现一圈圆弧状且高度密集的白色 α 相,由中心向表层延伸时,喷丸试样中等轴状 α 相排列变得更为细小和密集。这是因为喷丸时弹丸对试样表面的高速冲击挤压造成其表层组织发生形变所致。TC11 钛合金试样经喷丸处理后,表层的弹塑性变形致使表层晶粒发生挤压致密度增加,从而在阻碍疲劳裂纹初始萌生上起到强化作用,进而提高了疲劳寿命。

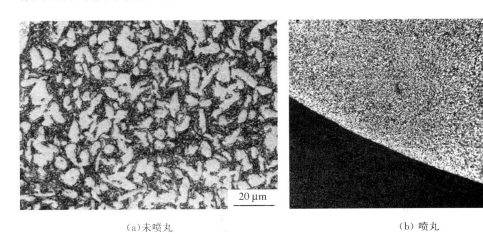

　　　　（a）未喷丸　　　　　　　　　　　（b）喷丸

图 5-8　TC11 钛合金试样喷丸前后显微组织对比

涡轮盘通过榫槽榫头的结构与叶片连在一起,榫槽的受力极为复杂,除了榫齿结构产生的应力集中外,还有从叶片传递来的振动载荷,另外,由于加工误差导致各齿受力不均,有时甚至超过材料的屈服强度而出现明显的压陷。榫槽部位产生裂纹,严重时会引起榫齿头的断裂,使整个叶片飞掉,产生极大危害[8]。某一航空发动机涡轮盘服役后出现了多起榫槽裂纹失效事件,示意图如图5-9所示,该涡轮盘采用时效强化型的铁基高温合金GH2132制造。涡轮盘受力情况比较复杂,经分析认为,榫槽主要受强大的离心应力和叶片传递来的振动应力,经计算该级涡轮盘受力约为60 kN,而且榫槽处应力集中,容易造成裂纹的产生。此外,涡轮盘榫槽加工主要与拉削有关,尤其是榫槽拉刀对零件表面的光洁度、残余应力和硬化层的影响较大。在榫槽某一局部位置载荷超过材料的屈服极限,则使之发生塑性变形,在周期性的工作过程中,塑性变形到一定程度会产生微小裂纹,在应力作用下逐渐扩大并最终断裂。除了残余应力

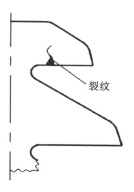

图5-9 涡轮盘裂纹部位示意图

外,位于表面处的非金属夹杂、机械加工留下的表面划痕、晶界氧化和腐蚀坑等,均可能成为工件的疲劳裂纹源,所以疲劳破坏产生的原因是多样的。

该涡轮盘榫槽的宏观断口如图5-10所示。图5-10(a)为涡轮盘榫槽的宏观断口,可以看出断口形状呈半月形,并且带有氧化色,这说明零件在高温使用过程中已产生裂纹。图5-10(b)为榫齿断口裂纹走向照片,可以看到裂纹向内部扩张后,已开裂的断口表面不再承受较高的应力,而在高温长期作用下,断口表面向晶粒内部产生晶界氧化。图5-10(c)为裂纹断口图片,从图中可以清晰地看到疲劳条纹,可以判断该断口为疲劳断裂[9]。

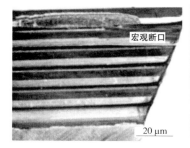
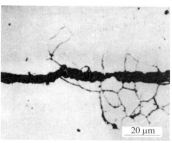
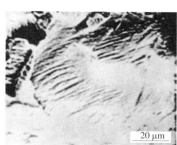

(a) 宏观断口   (b) 裂纹走向   (c) 裂纹断口

图5-10 涡轮盘榫槽

为了避免实际零件表面可能存在的各种缺陷,一般采用表面喷丸强化工艺,使金属材料表面产生形变硬化层,并引入高的残余压应力,因而减少了疲劳应力作用下裂纹的形核,并抑制裂纹的早期扩展,从而可显著提高机械加工零件的抗疲劳断裂和抗应力腐蚀开裂的能力,提高了实际零件的疲劳强度,延长疲劳寿命。

从故障涡轮盘榫头齿部切取试验料,并加工缺口旋转弯曲试样,进行喷丸强化。将喷丸前后的旋转弯曲试样进行650℃高温疲劳试验,交变应力选择195~275 MPa,试验结果如表5-2所示。从获得的数据可以看出,喷丸强化能够明显提高GH2132合金的高温疲劳极限。

表 5-2   GH2132 合金旋转弯曲试样在 650℃ 下的疲劳寿命

表面状态	交变应力 σ/MPa	循环次数 N／次
未喷丸	195	2.52×10^5,3.64×10^5
	215	1.23×10^5,1.72×10^5,2.28×10^5
	225	1.22×10^5,1.37×10^5,3.11×10^5
	235	1.52×10^5,1.58×10^5
喷丸	245	1.18×10^7,1.20×10^7,1.24×10^7
	255	6.51×10^6,8.04×10^6,1.20×10^7,1.17×10^7,1.34×10^7,1.03×10^7,1.02×10^7
	265	2.96×10^5,1.76×10^6,2.15×10^6,3.20×10^6,1.17×10^7,1.31×10^7,1.21×10^7
	275	1.61×10^6

3. 飞机起落架

起落架是唯一一种支撑整架飞机的重要部件,它的安全与可靠关乎飞机的每一次起降。起落架零件结构和形状复杂,造成许多应力集中点,加之用于制造起落架的材料多为超高强度钢,这些材料对应力集中较为敏感,在应力集中部位容易产生微裂纹和应力腐蚀开裂。某种飞机的起落架断裂竟占 $60\%\sim70\%$,经过对断裂零件的端口分析发现,其中 85% 以上属于疲劳断裂[10]。研究发现喷丸强化可以显著提高起落架用材的疲劳性能。

以 300M 钢为例,它具有高强度、高断裂韧度和很好的塑性及抗应力腐蚀开裂等优良性能,因此在国内外备受关注,是典型的飞机起落架用材[11]。但正如上面所提到的,疲劳断裂失效是这类材料、零部件所面临的关键问题之一。通过表 5-3 的强化工艺对 300M 钢进行喷丸强化处理,以比较不用工艺下 300M 钢疲劳性能的提升效果。

表 5-3   300M 钢喷丸强化工艺

序号	弹丸种类	弹丸规格	喷丸强度	覆盖率/%
1				
2	铸钢弹丸	ASH230	0.18A	100
3	铸钢弹丸	ASH230	0.25A	100
4	铸钢弹丸	ASH230	0.36A	100
5	陶瓷弹丸	ASH230	0.46A	100
6	陶瓷弹丸	Z425	0.10A	100
7	陶瓷弹丸	Z425	0.20A	100
8	陶瓷弹丸	Z425	0.30A	100

在高应力水平下($\sigma_{max}=1\,150$ MPa)测得的试样疲劳寿命结果如图 5-11 所示,试样喷丸强化后,中值疲劳寿命均得到提升。随着喷丸强度的增加,陶瓷弹丸喷丸强化试样的中值疲劳寿命也得到提升,而铸钢弹丸喷丸强化试样的中值疲劳寿命变化相对不明显。未喷丸试样中值疲劳寿命约为 2×10^4 周次,铸钢弹丸和陶瓷弹丸喷丸强化试样中值疲劳寿命最大值分别为 4.7×10^4 周次和 7.2×10^4 周次。

在低应力水平下($\sigma_{min}=1\,000$ MPa)测得的试样疲劳寿命结果如图 5-12 所示,随着喷丸强度的增加,两种弹丸的喷丸强化试样中值疲劳寿命均表现为先增大后减小的趋势,且变化极大。铸钢弹丸和陶瓷弹丸喷丸强度为 0.36A 和 0.20A 时中值疲劳寿命最大,分别为 250×10^4 周次和 400×10^4 周次,其余喷丸强度下均不超过 100×10^4 周次。试样的疲劳寿命还与试样表面粗糙度、表面残余应力分布及表面微观组织状态等有关,并非喷丸强度越高效果就越好。因此,要获得良好的抗疲劳性能,需考虑各种影响因素,优化工艺参数。

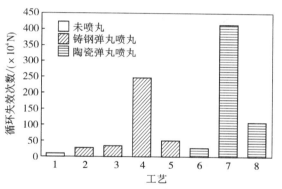

图 5-11　高应力水平下 300M 钢试样的中值疲劳寿命

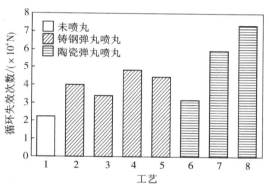

图 5-12　低应力水平下 300M 钢试样的中值疲劳寿命

以喷丸强化试样的中值疲劳寿命与未喷丸强化试样的中值疲劳寿命之比,作为喷丸强化试样的中值疲劳寿命增益系数,对比两种弹丸在不同喷丸强度下喷丸强化效果的差异,如图 5-13 所示。在高应力水平试验条件下,两种弹丸不同喷丸强度下试样的中值疲劳寿命增益系数为 2~4,而在低应力水平试验条件下,两种弹丸不同喷丸强度下试样的中值疲劳寿命增益系数有较大差异,最小值均为 3,最大值为 22(铸钢弹丸喷丸强化)和 38(陶瓷弹丸喷丸强化)。由此可以看出,无论在高应力还是低应力的情

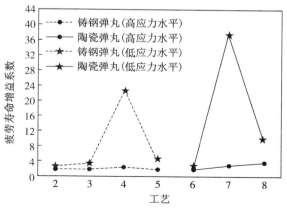

图 5-13　300M 钢喷丸强化中值疲劳寿命增益效果

况下,喷丸强化都能有效提高 300M 钢的疲劳性能,在低应力条件时提升效果更为显著。

30CrMnSiNi2A 钢也常被用于起落架零部件的制造,对其磨削加工试样和喷丸强化试样进行疲劳试验,利用升降法测定应力比为 0.1 时的疲劳极限,结果如图 5-14 所示。结果表明,喷丸强化有效提高了 30CrMnSiNi2A 钢的疲劳极限[12]。

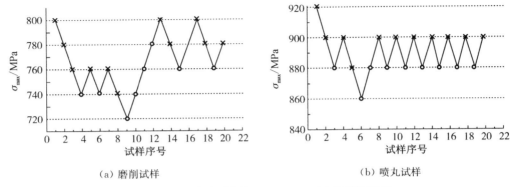

(a)磨削试样

(b)喷丸试样

图 5-14　升降法测定的 30CrMnSiNi2A 钢疲劳极限

此外为了耐磨,往往会在零部件表面镀上一层硬铬,但镀铬往往会改变金属零件表面应力状态,镀铬后的零件表面应力一般是拉应力,这将对零部件的疲劳寿命产生严重的不利影响[13]。为此,对 30CrMnSiNi2A 镀铬前后进行喷丸处理,以比较不同工艺下喷丸的实际疲劳寿命增益效果,试样编组如表 5-4 所示。

表 5-4　　　　　　　　　　　30CrMnSiNi2A 不同工艺方法

序号	工艺方法	喷丸压力(大气压)/个
1	原材料抛光	—
2	原材料镀硬铬	—
3	镀铬前后均喷丸	4.5
4	镀铬前喷丸	4.5
5	镀铬后喷丸	4.5
6	镀铬前后均喷丸	4.0
7	镀铬前喷丸	4.0
8	镀铬后喷丸	4.0
9	镀铬前后均喷丸	3.5
10	镀铬前喷丸	3.5
11	镀铬后喷丸	3.0
12	镀铬前后均喷丸	3.0

疲劳试验结果表明,镀铬前采用 3 个大气压喷丸的试样,其疲劳寿命比不喷丸的镀铬试样提高 38.15～60.03 倍;镀铬前采用 3.5 个大气压喷丸的试样,其疲劳寿命比不喷丸的镀铬试样提高 51.12～61.97 倍,镀铬前采用 4 个大气压喷丸的试样,其疲劳寿命比不喷丸的镀铬试样提高 40.03～49.2 倍,镀铬后采用 4.5 个大气压喷丸的试样,其疲劳寿命比不喷丸的镀铬试样提高 4.82～10.23 倍,由此可以看出喷丸强化可以显著提高 30CrMnSiNi2A 钢镀铬零部件的疲劳性能。

此外,喷丸强化技术已广泛应用于汽车制造行业,如对汽车的螺旋弹簧、板簧、齿轮、摇臂、扭杆、传动元件、轴凸轮轴、曲轴和连杆等承受交变载荷的零部件进行强化处理,可提高零部件的疲劳强度和使用寿命,降低生产成本和能源消耗。许多最初在航空领域应用的喷丸技术相继被引入 F1 赛车以及普通汽车的制造过程[14]。

4. 发动机零件的喷丸强化

喷丸强化可以有效防止发动机零件,如曲轴、连杆、活塞、阀门和弹簧等由于高强度应力作用而过早失效。例如,45 钢连杆调制处理后,其硬度为 228～269 HBW,未强化喷丸连杆表面应力仅为 -50 MPa,甚至有的表面处于拉应力状态。18Cr2Ni4W 钢连杆热处理后,距表面深度 0.3～0.4 mm 处甚至还有 294～392.3 MPa 的拉应力。当采用 0.18 C 的强度对 45 钢连杆进行喷丸处理时,其表面残余压应力提高到 -350 MPa。用 ±374 MPa 交变应力在高频疲劳试验机上试验时,连杆疲劳寿命由未喷丸时的 48 万次提高到 190 万次,图 5-15 为喷丸强化处理后的连杆,表 5-5 为几种常用的连杆喷丸工艺参数。

图 5-15 喷丸强化后的连杆

表 5-5　　　　　　　　　　　　连杆工艺喷丸参数

材料	钢丸直径 /mm	喷丸速度 /(m·s⁻¹)	钢丸流量 /(kg·min⁻¹)	喷丸强度 (弧高)	喷丸时间 /min	覆盖率 /%
45 钢	1.0～1.2	70	140～160	0.18C	15	≥98
18Cr2Ni4W 钢	1.0～1.2	75～82	300	0.38～0.44A	3～4	—
42CrMoA 钢	0.8～1.0	70～80	200	0.46～0.76A	1～1.2	≥98

5. 齿轮和其他传动元件的喷丸强化

通过对齿轮和其他传动元件进行强化以改善其疲劳强度,提高转矩性能。喷丸强化就是通过引入一个残余压应力,防止齿轮断裂。另外一个作用是每个齿轮齿根表面上受到无数弹丸打击而产生的"小凹槽"增强了润滑保持力,进一步提高了材料的使用寿命,降低噪声。图 5-16 为齿轮喷丸强化处理设备,图 5-17 为喷丸强化处理后的齿轮。

图 5-16　齿轮喷丸强化处理设备

图 5-17　喷丸强化处理后的齿轮

为了提高渗碳齿轮的疲劳强度,延长齿轮的使用寿命,汽车齿轮的喷丸强化工艺得到研究,并将研究成果应用于生产。用某汽车变速器一挡齿轮进行台架疲劳试验,强化喷丸对弯曲疲劳寿命和接触疲劳寿命具有重要影响,其结果见表 5-6。装车使用表明,喷丸强化工艺可以显著提高齿轮的疲劳寿命。

表 5-6　　　　　　　喷丸强化对汽车变速器一挡齿轮疲劳寿命的影响

处理状态	转矩为 450 N·m 的弯曲疲劳寿命		转矩为 370 N·m 的弯曲疲劳寿命	
	平均值	相对值	平均值	相对值
未喷丸	0.75×10^6	100%	3.85×10^6	100%
喷丸强化	3.42×10^6	456%	$> 5.06 \times 10^6$	$> 131\%$

近几年,轿车用自动变速器渗碳齿轮的齿面在工作中的实际温度约 300℃,远高于正常的回火温度(150~200℃),如此高的温度将导致齿轮硬度降低,引发产生点蚀,因此应提高齿轮抗回火软化性能。SCM420H 钢变速器齿轮经通 NH_3 等进行碳氮共渗,随着含氮量的增加,抗回火性能提高,回火温度可达 300℃。齿轮采用碳氮共渗后喷丸硬化提高了疲劳强度和疲劳寿命,解决了常规渗碳变速器齿轮齿面接触疲劳破坏问题。

6. 汽车板簧的喷丸强化

汽车板簧在负载下进行喷丸强化,零件应力得以释放,恢复到原来的形状,且增加了残余压应力,提高了整个强化效果。汽车行业规定,板簧必须进行喷丸处理后才能使用。喷丸处理应用在汽车弹簧钢板的加工上,是为了减少被加工材料的塑性变形。喷丸强化分为一般喷丸和应力喷丸。一般喷丸处理时,钢板在自由状态下,用高速钢丸打击钢板的表面,使其表面产生预压应力,以减少工作中钢板表面的拉应力,增加其使用寿命。应力喷丸处理是在一定的作用力下板簧预先被弯曲,然后再对其进行喷丸处理。某汽车弹簧厂对 60Si2Mn 钢板弹簧(规格 7 mm×65 mm×560 mm、经过 920℃淬火、480℃回火、硬度为 42~47 HRC)进行喷丸处理(采用 65 冷拔钢丝丸、弹丸直径 0.8~1.2 mm,新弹丸占 50%。采用离心式喷丸机,叶轮转速 2 500 r/min、弹丸速度 70/min,叶轮中心至试样喷射表面的距离为 0.5 m,喷射角为 45°,喷射作用时间 24 s),同时放入 AC 试片来测定其喷丸强度;再对每片板簧进行疲劳试验,所得平均寿命如表 5-7 所示,在该试验条件下,0.18 C 喷丸强度下的板簧疲劳寿命最长。应力喷丸可以进一步提高板簧的疲劳极限,见表 5-8。

表 5-7　　　　　　　**喷丸强度对 60Si2Mn 钢汽车板簧疲劳寿命的影响**

序号	喷丸强度	疲劳寿命/次
1	未喷丸	37 500
2	0.16 C	116 250
3	0.18 C	193 500
4	0.20 C	172 500

表 5-8　　　　　　　**55Si2Mn 钢板弹簧及应力喷丸后的疲劳极限**

试样厚度/mm	试样类型	疲劳极限/MPa		
		未喷丸	喷丸	应力喷丸
13	带槽平板	363	461	784
10	平板	343	686	833

7. 汽车离合器膜片弹簧的喷丸强化

膜片弹簧式离合器因其结构紧凑、单位体积传递扭矩大、结合平顺等优点,被广泛应用于汽车工业中。而膜片式离合器的使用寿命主要取决于压力元件膜片弹簧的性能和质量,因此,提高膜片弹簧的疲劳寿命及降低弹力衰减率都会延长离合器的使用寿命,而表面喷丸强化是重要的处理手段之一[15]。

某型汽车离合器压盘部件,膜片弹簧的材料是 60SiMnA,压盘组装前,对其进行热处理,同时为对比喷丸强化的效果,对试验件进行单面喷丸强化以及双面喷丸强化。喷丸部位在碟簧部分,弹丸为钢丸,直径 0.80~1.00 mm,试验结果如表 5-9 所示。经过表面喷丸强化的膜片弹簧,疲劳寿命一般能提高 1 倍以上。这是因为高速的细钢珠丸喷射到膜片弹簧碟簧部位表面,使其表面层材料发生塑性屈服,从而在表面层建立起残余压应力,这种残余压应力对拉主要承受切向拉伸应力的膜片弹簧而言是十分有利的。

膜片弹簧经过一定循环工作后,弹力都会发生衰减,在开始阶段,弹力衰退较快,到了一定次数后,衰退变慢。根据试验结果可知,双面喷丸的弹力衰退值要比单面喷丸的小一些,故在交变载荷作用下,双面喷丸的强化效果更好,因为两面表层都有残余压应力。此外,虽然未喷丸的膜片弹簧的弹力要比经喷丸处理的高,但由于其表面未发生过塑性变形,韧性小,硬层厚,所以抗疲劳性能相较于已发生塑性变形的喷丸零件而言要差,容易断裂。

表 5-9　　　　　　　　　　　膜片弹簧喷丸强化疲劳试验对比结果

序号	试验前大端弹力峰值/kg	试验后大端弹力峰值/kg	疲劳总循环次数/万次	试件好坏状况	说明
1	195	175	120	良好	双面喷丸
2	180	178	120	良好	双面喷丸
3	180	155	120	良好	单面喷丸
4	175	148	120	良好	单面喷丸
5	240	230	52	膜片弹簧断裂	未喷丸
6	232	224	52	膜片弹簧断裂	未喷丸

5.2　激光冲击强化

　　关于激光冲击强化的理论研究已有 50 多年,但其工程应用是从 20 世纪 90 年代美国兴起的,这主要是由于传统的强脉冲激光装置造价高昂、重复频率低。1995 年,Jeff Dulaney 博士创建了世界上第一家从事激光处理技术应用公司,并在 1997 年建成第一套用于商业应用的激光冲击处理设备。1998 年,美国研发杂志将激光冲击处理评为全美 100 项最重要的先进技术之一。1998 年后,美同 GE 公司已开始利用激光对涡轮风扇叶片和 F110—GE—100、F110—GE—129 的风扇第 1 级工作叶片进行冲击强化。2004 年,激光冲击技术被用于 F119—PW—100 发动机生产线,到 2009 年,75% 的 F119 发动机高压压气机整体叶盘都经过了激光冲击处理。2003 年,激光冲击技术被美联邦航空局(FAA)和日本亚细亚航空(JAA)批准为飞机关键件维修技术。美国在 2004 年正式颁布了激光冲击的操作规范,当年这项技术还被应用于波音 777 民用飞机的叶片处理。激光冲击强化技术的成功运用,为美国节约了许多成本,预计仅仅战斗机发动机叶片的处理就能节约超过 10 亿美元。激光冲击强化除了在航空航天领域有较好的应用,还在核废料处理、汽车、医疗、船舶等产业上发挥着重要作用[16]。由此可见,虽然相较于喷丸强化起步较晚,但激光冲击发展潜力巨大,应用前景广阔,因此二者的强化效果也常被用于对比研究。

1. FGH97 粉末高温合金的激光冲击强化

　　粉末高温合金与变形高温合金相比具有晶粒细小和组织均匀等优点,从而合金屈服强度高、疲劳性能好,已成为制造航空发动机涡轮盘、压气机盘、篦齿盘、封严盘和涡轮盘挡板等关键部件的较佳材料。FGH97 是我国仿制 EP741NP 研发的粉末高温合金,它比 FGH96 具有更好的力学性能,而且可以通过双性能热处理来提高其疲劳损伤容限耐久性,用来制造航空发动机的盘、轴零件[17]。

　　粉末高温合金在其冶金制备过程中难免存在夹杂物,这会对疲劳性能造成不利影响。笔者曾利用激光冲击强化对 FGH97 高温合金进行表面改性处理,同时与喷丸强化的作用效果进行对比。激光冲击强化和喷丸强化都改变了 FGH97 合金的原有形貌,如图 5-18 所示,未强化试样存在明显的机加刀痕;激光冲击强化试样的刀痕局部不清晰,但大部分清晰可见;喷丸强化试样表面则是被弹坑所覆盖,机械加工刀痕很难被观察到。三者的表面粗糙度依次为 0.44 μm,0.52 μm 和 0.76 μm,激光冲击强化在粗糙度控制方面优于喷丸强化。

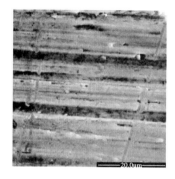 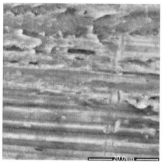 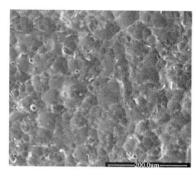

　(a)未强化　　　　　　　　(b) 激光冲击强化　　　　　　　(c) 喷丸强化

图 5-18　FGH97 不同处理方式下的表面形貌

　　在引入残余压应力方面,激光冲击强化最大残余压应力在表面,而喷丸强化最大残余压应力通常在距表面几十微米的次表面,如图 5-19 所示。激光冲击强化表面残余压应力比喷丸强化的表面残余压应力大 80 MPa;激光冲击强化残余压应力场较深,约 840 μm,而喷丸强化残余压应力场深 280 μm,仅为激光冲击强化残余压应力场的 1/3;激光冲击强化残余应力在近表面区域梯度较小。

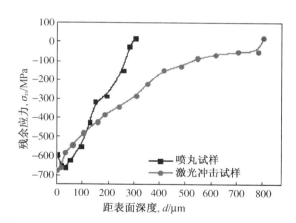

图 5-19　FGH97 激光冲击与喷丸强化下的残余应力分布

未强化试样的表面残余压应力在 42~67 MPa 之间,且影响层很浅,约为 30 μm。

　　上述两个重要的表面完整性指标直接决定了强化的效果,650℃ 下 FGH97 旋转弯曲疲劳试验 S-N 曲线见图 5-20。把 1×10^7 循环周次下试样不发生疲劳断裂的临界应力定义为疲劳强度。可以看出,未强化、激光冲击强化和喷丸强化试样的疲劳强度分别为

392 MPa,551 MPa 和 486 MPa。激光冲击显著提高了 FGH97 的疲劳寿命,提升效果优于喷丸强化。此外,在高于 630 MPa 应力水平时,喷丸强化试样的疲劳寿命甚至低于未强化试样。

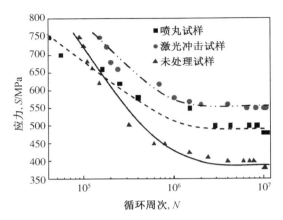

图 5-20　FGH97 不同处理条件下的 S-N 曲线

2. 7050-T7451 铝合金小孔构件的激光冲击强化

7050-T7451 铝合金是一种广泛应用于航空制造领域的高强度铝合金,提高 7050-T7451 铝合金的抗疲劳性能对延长飞机服役寿命,保证飞机结构的安全性和可靠性有着重要意义[18]。由于飞机制造与装配的需要,带孔构件不可避免,但小孔会造成应力集中效应,对结构的静强度与疲劳强度造成不利影响。通过激光冲击对小孔构件进行强化是十分有效的手段。

如图 5-21 所示的是 7050-T7451 铝合金双联狗骨形疲劳试样,对其试验部位进行激光冲击(激光器波长 1 064 nm,重复频率 5 Hz,脉冲宽度 20 ns,功率密度 3.77 GW/cm²,搭接率 50%,双面冲击两次),并对试样分别进行 3 个应力水平(165.8 MPa,195.0 MPa,275.4 MPa)的疲劳试验以观察激光冲击的实际强化效果。

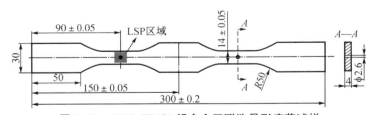

图 5-21　7050-T7451 铝合金双联狗骨形疲劳试样

疲劳试验结果如表 5-10 所示,在 165.8 MPa 的低应力水平下,试样疲劳寿命均出现较高增益,最大高达 877.85%,最低也达 138.44%;在 195.0 MPa 的中等应力水平下,疲劳寿命增益基本在 200% 左右;在 275.4 MPa 的高等应力水平下,疲劳寿命增益稍低,在 100% 左右。由此可以看出,激光冲击强化对 7050-T7451 铝合金的疲劳寿命有着不俗的强化效果,这是支撑激光冲击在飞机 7050-T7451 铝合金部件上应用的有力依据。

表 5-10   7050-T7451 铝合金试样疲劳试验结果

试样编号	应力水平/MPa	未强化端次数 N_1	强化端次数 N_2	疲劳寿命增益
A1	165.8	79 906	423 979	430.6%
A2	165.8	211 975	>1 000 000	371.75%
A3	165.8	396 748	969 534	144.37%
A4	165.8	194 245	>1 000 000	414.81%
A5	165.8	196 307	468 075	138.44%
A6	165.8	86 689	847 690	877.85%
A7	165.8	115 238	1 014 430	780.29%
B1	195.0	64 083	239 934	274.41%
B2	195.0	74 059	198 928	168.61%
B3	195.0	62 456	168 807	170.28%
B4	195.0	82 331	255 778	210.67%
B5	195.0	76 722	218 675	185.02%
B6	195.0	71 724	203 929	184.32%
B7	195.0	58 788	247 840	321.58%
C1	275.4	13 299	27 086	103.67%
C2	275.4	14 145	29 280	107.00%
C3	275.4	13 026	22 573	73.29%
C4	275.4	14 398	24 534	70.40%
C5	275.4	14 860	33 438	125.02%
C6	275.4	13 850	49 237	255.50%
C7	275.4	12 023	21 391	77.92%

3. 发动机飞锤的激光冲击强化

飞锤是发动机燃油喷射系统中的重要零件,广泛应用于汽车、轮船、工程机械和发电机组等柴油发动机上,飞锤的外形较为复杂,如图 5-22 所示。受其结构的限制,飞锤的尾部是一变化的截面,中间部位截面积最小,即图中所指的危险截面处。飞锤工作时,一方面飞锤会随发动机喷油泵凸轮轴高速旋转,另一方面,在离心力的作用下飞

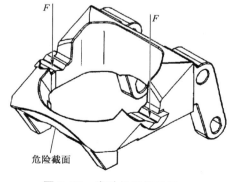

图 5-22   发动机飞锤外形

锤绕着飞锤销做自转运动。当发动机转速高时,飞锤在离心力的作用下克服弹簧的压力(F)张开,弹簧受压,飞锤受到压力;而发动机转速降低时,飞锤又会在弹簧的压力作用下合拢,弹簧受拉,飞锤受到拉力,因此飞锤在工作环境中承受的是交变载荷,在长期工作后期会导致疲劳断裂,从而造成发动机的严重故障。

传统的处理方式包括以下两种:

(1)增加危险截面面积,以提高整个危险截面的强度,但此举不仅会影响到整个发动机系统的设计重组,将大大增加成本。

(2)对飞锤进行调质处理,增加强度,相应的加工难度会增加,容易造成精度降低,零件报废的情况。

为了获得较好的强化效果,故改用激光冲击强化。试验使用的飞锤尺寸为 80 mm×80 mm× 40 mm,危险截面尺寸为 5 mm×6 mm,飞锤材料为 ZG40Cr。在飞锤危险截面需接受激光冲击的部位涂上能量吸收图层,由图 5-23 可以看出受冲击部位有三个面可以直接进行激光冲击,但由于该部位表面形状较为复杂,无法使用玻璃作为约束层,因此改用流水作为约束层,示意图如图 5-23 所示。用夹具将飞锤固定在工作台上,喷嘴将产生一定压力的水柱喷射在受冲击部位的上方,使受冲击部位表面形成一定厚度的水帘,以其作为约束层,然后实施冲击。试验的激光器为高功率、高重复率钕玻璃激光器,脉冲激光的波长为 1.06 μm,脉宽为23 ns,选用的激光能量为 18 J,光斑直径 8 mm,激光功率密度约为 $1.5×10^{12}$ W/m^2,应力波峰值压力约为 0.1 GPa。

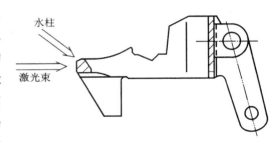

图 5-23　飞锤激光冲击示意图

由于飞锤是工业产品,所以无法使用疲劳试验机对飞锤的疲劳强度进行测试,但是在发动机油泵试验台转动强化交变应力试验中,飞锤疲劳断裂时间一般小于 1 500 h,而受冲击的飞锤在 1 500 h 后仍未断裂,充分说明了飞锤的抗疲劳性能得到了强化。对40Cr 材料进行激光冲击强化研究的结果表明,40Cr 材料在激光冲击后,冲击影响区域会产生表层残余压应力,残余压应力深度可达 2 mm,且会引起高密度位错[19]。残余压应力可以对外载平均应力有一定的抵消作用,因此可以显著提高材料的抗疲劳强度,高密度位错则可以提高材料的硬度和强度,并可以阻碍金属材料的滑移和疲劳裂纹的扩展,从而有效提高金属的抗疲劳强度。

4. 1Cr11Ni2W2MoV 叶片的激光冲击强化

1Cr11Ni2W2MoV 马氏体不锈钢叶片在使用过程中易发生疲劳断裂问题,将严重影响发动机的使用寿命[20],在国外,激光冲击强化已应用于叶片的生产维修,这为激光冲击强化在 1Cr11Ni2W2MoV 叶片上的应用提供了事实依据。叶片的激光冲击强化设备如

图 5-24 所示。可见,设备由高功率脉冲激光器、工件运动控制系统、约束层系统以及综合控制系统等部分组成,其中激光器为 Nd：YAG 固体激光器。

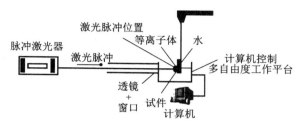

图 5-24　叶片激光冲击强化系统组成示意图

1Cr11Ni2W2MoV 叶片在使用过程中,由于高阶振动,使得叶片叶尖距排气边 14～16 mm 部位和叶片的一弯节线附近容易出现裂纹,如图 5-25 所示。因此,采用激光冲击强化方法对叶片的一弯节线附近、进排气边和叶尖部位进行强化。1Cr11Ni2W2MoV 叶片横向剖面如图 5-26 所示,叶片中央较厚,进、排气边非常薄。由于叶片的一弯节线附近、进排气边和叶尖部位型面的差异较大,采取的激光冲击强化工艺也不同。对于叶片进排气边、一弯节线和叶尖,采用双面对冲方式,每路激光能量为 6～8 J,在激光光斑直径为 3～4 mm,搭接率为 70%～75%,脉宽为 (10±1) ns 的情况下,激光功率密度范围为 5.90～8.67 GW/cm^2。

图 5-25　叶片高阶扭转振型和裂纹位置示意图

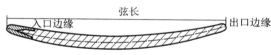

图 5-26　叶片横向剖面示意图

叶片一阶弯曲节线激光冲击强化区域距榫头底面 20～65 mm。叶片距进排气边和叶尖 5～8 mm 也为强化区域。对叶顶部位,采用单路冲击方式。具体强化工艺参数:激光波长 1 064 nm,激光功率密度为 5.5～9 GW/cm^2,搭接率为 50%～75%,选用 0.075～0.15 mm 厚度的铝箔作为吸收保护涂层,约束层为水。之后对 1Cr11Ni2W2MoV 未处理叶片和激光冲击强化叶片进行振动疲劳试验,未处理叶片的中值疲劳寿命为 1.02×10^6 周次;而激光冲击强化后的叶片中值疲劳寿命大于 1.73×10^6 周次,是未处理叶片的1.7 倍以上。由此可以看出,激光冲击强化能有效提高 1Cr11Ni2W2MoV 不锈钢叶片的疲劳寿命。

5.3　孔挤压强化

孔挤压强化是当前国际上应用最广泛的连接孔抗疲劳制造技术,具有不改变结构设计、材料,不增加飞机重量,成本低、效果好等优势。以波音、空客等公司为例,各公司已将该技术广泛应用于军用飞机和商用飞机制造和维修的结构增寿中[21]。随着损伤容限设计理论和耐久性设计理论在现代飞机设计中的应用和发展,航空界对连接孔构件疲劳强度给予了更大关注,有报道指出已有工程师将孔挤压技术用在了现代飞机的可靠性设计中,并直接将孔挤压寿命增益计入飞机设计寿命。孔挤压疲劳增益受影响因素较多,随着航空业对飞机结构可靠性、安全性、长寿命和低维修成本等设计要求的不断提高,孔挤压作为一种可有效提高连接孔疲劳强度的技术的应用面会得到进一步的拓宽[22]。

1. 直升机旋翼关键零件的孔挤压强化

直升机旋翼桨毂是直升机的关键部位,作为桨叶与机身的连接件,要求有高的韧性和高周疲劳性能。对于先进直升机采用的球柔性桨毂,其中的某些关键零件是其重要受力部件,起到传递和平衡桨叶高周旋转运动的作用,疲劳断裂是其主要的失效模式之一。目前,直升机旋翼桨毂主要采用高强度钛合金制成,而高强度钛合金虽然静强度和疲劳强度较为优异,但在疲劳过程中的应力集中敏感性很高,疲劳强度随应力集中系数提高下降非常快。桨毂关键零件加工时,时常出现表面加工刀痕、过大的残余拉应力等缺陷,加之连接关系处于旋翼系统高周疲劳应力作用下,衬套与耳片孔之间存在的微动磨蚀特别容易在耳片孔周边萌生疲劳裂纹,导致零件提前破坏,从而影响零件的疲劳寿命[23]。通过孔挤压强化技术可以对孔内壁表面进行强化,在孔周围引入有益的残余压应力场。

根据直升机结构和装配要求,旋翼关键零件的模拟件如图 5-27 所示,先采取一次挤压工艺。在衬套挤压强化过程中(图 5-28),发现衬套凸肩部位由于芯棒受外力 P 作用向下通过衬套,使得孔壁承受了向下和向孔壁的力(图 5-28 圆圈内),衬套发生了向下和向孔壁的塑性变形。虽然使衬套固定在孔中,完成了模拟件的强化和装配,但材料产生的向下的塑性流变,使得以钛合金本体孔边倒角为支点,B 箭头所示位置向上翘起,衬套

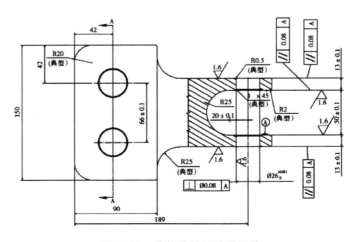

图 5-27 桨毂关键零件模拟件

凸肩与钛合金本体端面产生了缝隙。

端面缝隙在型号应用中将留存腐蚀介质，并可能产生磨蚀而影响制件疲劳性能，这是坚决不允许的。针对该问题，可以采用增加加衬套材料本体强度、增加衬套与基体接触面润滑，以及二次挤压等联合方式来控制产生端面缝隙。对试验件进行疲劳试验以检验挤压法对试验件的实际增益效果，温差法为对照组，试验结果如表5-11所示。由试验结果可以看出孔挤

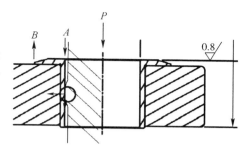

图 5-28　桨毂关键零件模拟件挤压受力示意图

压强化可改善孔壁表面性能，有益零件装配疲劳性能的提升，且二次孔挤压强化效果明显优于一次孔挤压法和温差法。

表 5-11　　　　　　　　　　　模拟件疲劳试验结果

工　艺		温差/万次			一次孔挤压/万次		二次孔挤压/万次	
		第1件	第2件	第3件	第1件	第2件	第1件	第2件
载荷级/kN	±35	30	/					
	±42	30	30	/	30	/	/	
	±50	30	30	30	30	30	30	/
	±60	30	21.4	25.7	30	23.3	30	30
	±72	8.6	/		23.9	/	30	30
	±86	/			/		30	30
	±103	/			/		25.4	9.5
破坏情况		耳片裂	耳片裂	耳片裂	耳片裂	耳片裂	耳片裂	未破坏
疲劳极限/kN		41.1	36.9	37.5	44.8	37.1	64.6	59.3
平均疲劳极限/kN		38.5			40.7		61.9	
疲劳寿命增益效果		/			105.9%		160.9%	

2. 23Co14Ni12Cr3MoE 钢的孔挤压强化

23Co14Ni12Cr3MoE 钢为高钴、高镍高合金超高强度钢，具有很高的强度、高的断裂韧性和优良的抗应力腐蚀性能，主要作为飞机关键承力构件，如飞机起落架等的制造[24]。带孔构件常常因孔边应力集中而发生疲劳失效，为了延长此类构件寿命，验证孔挤压强化对 23Co14Ni12Cr3MoE 钢制造的零部件也有作用，对如图 5-29 所示的试样进行孔挤压强化。采用芯棒直接挤压方式，所用的过盈量为 1%～3%，为了减少轴向擦伤和孔角上产生的突起，对试样挤压强化 1 次和对孔角进行倒圆处理。

　　孔挤压强化使试样在孔周围产生了一定的残余压应力,其从孔边到远处的切向残余应力分布如图 5-30 所示。从残余应力的分布来看,残余压应力的深度为 3.5 mm,表面残余压应力为 400 MPa,最大残余压应力在 1 mm 处为 410 MPa,最大残余压应力为 120 MPa,最大残余拉应力距孔边的距离为 4.1 mm,在接近孔直径的距离范围时残余应力几乎为零。

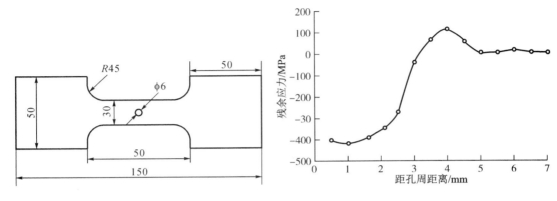

图 5-29　23Co14Ni12Cr3MoE 钢孔挤压强化试样　　图 5-30　23Co14Ni12Cr3MoE 钢孔挤压残余应力场

　　机械加工与孔挤压强化试样的疲劳 S-N 曲线如图 5-31 所示。用升降法测定的机械加工与孔挤压强化试样在 $1×10^6$ 循环周次下的条件疲劳极限分别为 471 MPa 和 593 MPa,孔挤压强化将疲劳极限提高了 26%。同时,孔挤压强化使表面完整性得以改善,表面粗糙度 Ra 从 1.6～1.8 μm 降为 0.4～0.6 μm。在孔挤压强化过程中,孔周围经历了不均匀的弹塑性变形,导致了晶格的扭转和畸变,产生了一定数量的形变带和位

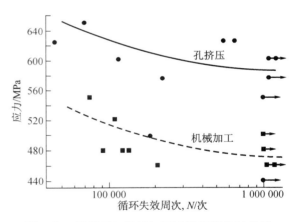

图 5-31　孔挤压与机械加工试样疲劳 S-N 曲线

错。上述结果表明,孔挤压强化能够提升 23Co14Ni12Cr3MoE 钢零部件的疲劳性能。

3. 带孔镁合金零件的孔挤压强化

　　镁合金以其密度小、强度高和抗应力腐蚀性能好等一系列优点被广泛应用于各工业领域[25]。镁合金材料制造的各类机械零部件广泛应用于工业技术领域,但是由于这些零部件服役环境复杂,需要在高温、腐蚀及交变载荷等恶劣工况下工作,疲劳破坏现象时有发生,据有关资料统计,这类形式的破坏占全部破坏的 80%。以 ZK60-T5 镁合金带初始

紧固孔试样为试验对象,验证孔挤压强化的作用效果[26]。

ZK60-T5 镁合金试验件如图 5-32 所示,分别对其进行 3 种工艺的强化,包括孔挤压、机械喷丸和孔挤压＋机械喷丸混合处理。孔挤压采取的工艺参数为:芯棒直接挤压方式,在液压设备上对孔进行挤压强化,挤压量为 3%～5%;喷丸处理参数为:在气动式喷丸设备上进行,喷丸区域 ϕ6 mm×15 mm(图 5-32),喷丸强度 0.2 A,覆盖率 200%,钢丸直径 ϕ0.9 mm,喷嘴与试样间距 100 mm;复合处理工艺参数为:挤压量 5%,机械喷丸区域 ϕ6 mm×15 mm(图 5-32),喷丸强度 0.2 A,覆盖率 200%,其他参数不变。

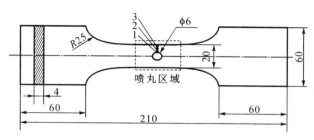

图 5-32　ZK60-T5 镁合金试样几何形状

图 5-32 中标注的 1,2,3,三点为小孔周围残余应力的测量点,测试结果如表 5-12 所示。从表 5-12 可以看出,强化处理前,试样表面残余应力不均匀,拉应力与压应力交替出现,在−15～18 MPa 变化,残余压应力值较小;孔挤压使试样孔边表面产生残余压应力,但应力幅值较低,且随着与孔距离的增加,残余压应力值逐渐减小;孔表面机械喷丸后,产生了较孔挤压更高的残余压应力,最高可达−350 MPa;孔挤压＋机械喷丸复合处理后,孔边残余压应力值达到最大,可达−472 MPa,残余压应力层也最深。孔挤压和机械喷丸强化能在 ZK60-T5 镁合金试样表面产生高密度、均匀稳定的位错,高密度位错等晶体缺陷引起原子点阵受压产生畸变,使得宏观表现为较高幅值的残余压应力分布。

表 5-12　　　　　　　ZK60-T5 镁合金不同强化工艺下的残余应力分布

工艺	残余应力/MPa		
	点 1	点 2	点 3
未处理	−15	10	18
孔强化	−206	−183	−169
机械喷丸	−338	−350	−329
孔强化＋机械喷丸	−472	−450	−465

残余压应力的引入在一定程度上改善了 ZK60-T5 镁合金构件的疲劳性能,疲劳试验的结果如表 5-13 所示。未处理试样的平均疲劳寿命为 32 960 次循环,孔挤压强化后,镁合金试样疲劳寿命较未处理试样有所提高,平均疲劳寿命达 46 151 次循环,是未处理

试样的 140％；表面机械喷丸处理后，疲劳寿命也得到了改善，达到了 59 350 次循环，为未处理试样的 180％；孔挤压＋机械喷丸复合强化后，试样平均疲劳寿命增加最明显，达到了未处理试样的 3 倍，为 98 892 次循环。由此可以看出孔挤压强化与喷丸强化都能有效提高构件的疲劳寿命，且二者配合使用时，能够进一步提高 ZK60-T5 镁合金的疲劳性能。

表 5-13 　　　　　不同工艺处理后带孔 ZK60-T5 镁合金试样疲劳寿命

工艺	疲劳寿命/循环次数	平均寿命/循环次数
未处理	32 721,33 020,33 140	32 960
孔强化	45 000,46 229,47 224	46 151
机械喷丸	59 118,59 802,59 130	59 350
孔强化＋机械喷丸	100 360,97 060,99 256	98 892

4. 2B06 铝合金的孔挤压强化

　　飞机结构大量采用高强度铝合金能实现轻量化，2B06 铝合金是一种较新的铝合金材料，对其进行孔挤压强化的研究有利于该种材料在航空工业中的应用与推广。对飞机外翼带板连接部位进行简化，得到如图 5-33 所示的含孔结构细节模拟试验件，分别

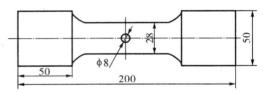

图 5-33　2B06 铝合金含孔结构细节模拟试验件

进行芯棒挤压和开口衬套挤压两种孔挤压强化方式，芯棒挤压和开口衬套挤压量相同，相对挤压量均为1.5％[27]。疲劳试验采用高、低两级试验应力水平，分别为 246 MPa 和 144 MPa，应力比 R 为 0.093，频率为10 Hz。疲劳试验结果如表 5-14、表 5-15 所示。

表 5-14 　　　　　　　2B06 试件高应力水平下的疲劳寿命

表面状态	形成寿命	扩展寿命	总寿命
未强化	25 472	7 209	32 681
	21 493	6 667	28 160
	29 608	7 331	36 939
芯棒挤压	29 248	9 396	38 644
	25 561	4 221	29 782
	31 661	8 137	39 798
开口衬套挤压	28 638	10 644	39 282
	35 215	15 748	50 963
	29 345	14 463	43 817

表 5-15   2B06 试件低应力水平下的疲劳寿命

表面状态	形成寿命	扩展寿命	总寿命
未强化	183 759	28 213	211 972
	159 871	32 260	192 131
	254 242	38 778	293 020
	283 625	24 506	308 131
芯棒挤压	143 457	170 705	314 162
	217 961	120 329	338 290
	209 183	79 201	288 384
	243 883	161 095	404 978
	258 492	242 808	501 300
开口衬套挤压	381 552	507 312	888 864
	586 300	—	778 000
	651 500	—	1 220 000

由上述两表可以看出,两种挤压工艺对 2B06 试件的疲劳寿命增益效果有所不同,开口衬套挤压效果优于芯棒挤压。高应力水平下的芯棒挤压与未挤压试件寿命无明显差异,而开口衬套挤压试件的扩展寿命和总寿命与未挤压试件相比有一定的增益;低应力水平下两种工艺的增益效果差别更加明显,芯棒挤压和开口衬套挤压与未挤压试件的总寿命增益系数分别为 1.32 和 3.372。

5.4 螺纹滚压强化

随着航空器的飞速发展,高速、大负荷等复杂环境已经成为常态,因此对连接用的螺栓类紧固件提出了更高要求。螺栓类紧固件外螺纹一般采用切削加工的方法,该种方法加工效率低、表面完整性指标低,已很难满足现代航空器对产量、效率和抗疲劳性能的要求。国外航空飞行器螺纹紧固件一般采用螺纹滚压的方法,不仅能够有效提高零件的抗拉强度、抗疲劳性能和表面粗糙度等,还能实现很高的加工效率,优势显著。在国内,螺纹滚压技术的应用也越来越广泛了。

1. 油管的螺纹滚压强化

某油田一年内累计实施抽油机井泵 5 637 井次,其中油管问题施工 608 次,占检泵井数的 10.78%。608 井次中因有关螺纹断脱施工 369 井次,占油管问题检泵井次的 60.7%,可见油管螺纹断脱率较高是影响检泵率的重要因素。由于油管螺纹几何形状的特殊性和油管壁厚的限制,油管螺纹的加工只能采用车削工艺,在螺纹齿根易产生车削刀痕和微裂纹,影响了螺纹的机械性能[28]。根据以往油管失效情况统计,油管断裂集中发生在螺纹根部,裂纹源处在螺纹齿根部位,属于疲劳断裂。因此,螺纹齿根是油管螺纹中的薄弱部位。降低油管螺纹齿根处的应力水平,减少应力集中,防止和减少螺纹齿根损伤是推迟和延缓油管螺纹疲劳裂纹源形成的根本途径。

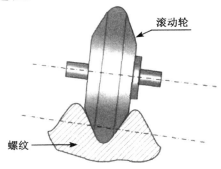

利用螺纹滚压强化可以有效提高螺纹根部的疲劳性能,强化原理示意如图 5-34 所示。首先,通过滚压在螺纹根部表层产生高达几百兆帕的残余压应力,这对提高疲劳强度起主要作用;其次,螺纹滚压强化作为一种机械式冷作强化,可以使油管螺纹表面硬度有所提高,同样可以提高疲劳性能;最后,螺纹滚压强化还能压平加工刀痕或表面粗糙部分,有效降低表面粗糙度,提高疲劳裂纹的启裂抗力。

图 5-34　油管螺纹滚压强化示意图

为了检验螺纹滚压强化后疲劳寿命的提高程度,共进行 6 组油管实物疲劳实验,如表 5-16 所示。滚压试件均采用 57°夹角滚压轮滚压,其滚压压力分为 1.38 MPa,1.72 MPa,2.07 MPa,按 API 标准最佳扭矩1 424 N·m 控制紧扣力矩,试验加载频率为 600～700 次/min。

表 5-16　　　　　　　　油管试件螺纹滚压强化后疲劳寿命

试样编号	滚压压力/MPa	最大载荷/kN	最小载荷/kN	循环周次	结果
1	1.38	210	106	3 511 824	未断裂
2	未滚压	210	106	3 506 387	未断裂
3	1.72	359	215	628 521	断裂
4	2.07	359	215	487 356	断裂
5	2.07	359	215	459 118	断裂
6	未滚压	359	215	467 584	断裂

从表 5-16 中的 3～6 号 4 组试样试验结果可以看出:当滚压压力为 2.07 MPa 时,其滚压效果不明显,对于提高油管螺纹疲劳寿命几乎没有贡献;但是在滚压压力为 1.72 MPa 时,其疲劳寿命明显延长;对比滚压与未滚压试件的疲劳寿命数据得出,油管螺纹疲劳寿命可提高 34.4%,即经过滚压强化处理的油管螺纹的疲劳寿命可达到未处理螺纹的 1.34 倍。故螺纹滚压强化可以有效提高油管的疲劳性能,但滚压压力的数值至关重要。

2. 300M 钢零件的螺纹滚压强化

300M 低合金高强度钢主要用在飞机起落架上，在使用过程中螺纹根部主要承受拉-拉状态的交变载荷。为考核滚压强化的实际增益效果，疲劳试验件的设计应尽量模拟零件的形状和关键部位的几何尺寸，即螺纹根部圆角一定要与零件相同，承受应力应与零件实际使用状况接近[29]。故疲劳试样如图 5-35 所示，试验在室温下进行，应力比 R 为 0.1，试验频率为 600 次/min。

试样螺纹滚压强化与未滚压的对比疲劳试验是从高应力到低应力对比疲劳寿命，做出两条 S-N 曲线，最后在低应力下利用升降法求出疲劳强度极限 $\sigma_{0.1}$，疲劳 S-N 曲线如图 5-36 所示。试验结果表明，从高应力到低应力，螺纹滚压强化后试样的疲劳寿命均能得到大幅度提升，疲劳极限 $\sigma_{0.1}$ 从未滚压的 250 MPa 提高到螺纹滚压强化后的 448 MPa，疲劳强度极限提高了 79.2%。由此可以看出，螺纹滚压技术可以帮助 300M 钢螺纹零件更好地应用于飞机起落架上。

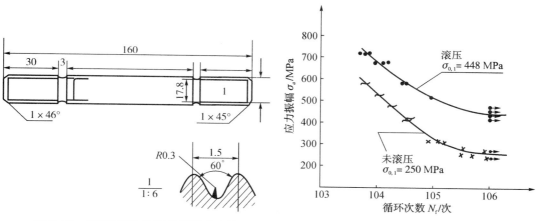

图 5-35　300M 钢结构细节模拟试验件　　　图 5-36　300M 钢螺纹滚压强化与未强化
疲劳 S-N 曲线

5.5　压印强化

压印强化是通过专用设备和专用模具在产品表面施加作用力，使产品表面产生压力的过程，并形成符合设计要求的形状和深度均匀的压痕，以提高相应部位抗疲劳特性的一种工艺方法。对紧固件连接孔采用圆角和埋头窝应力压印以及在结构孔和结构不连续处(例如漏水孔、燃油通道和窗口等)进行圆环、马蹄形和平底表面应力压印、边缘压印，对缓解孔口应力集中、改善受力状态都是非常有效的方法。迄今为止，表面应力压印是飞机生产和维护过程中提高结构疲劳强度最经济可行的方法之一[30]。

1. 某型飞机机翼油箱壁板过油孔的压印强化

以某铝合金挤压厚板制成的疲劳试样来模拟某型飞机机翼油箱壁板,该试样具体尺寸为 220 mm×50 mm×8 mm,试样中间带有与试样轴线垂直分布的孔,如图 5-37 所示。为了验证压印深度对疲劳性能的影响,将试片分为 4 组,共 80 件,每组 20 件,分别进行不压印、压深(0.1±0.05)mm、压深(0.2±0.05)mm、压深(0.3±0.05)mm 等 4 种不同压印深度。然后分别用同一压印深度的 20 件试样在两种应力水平下进行疲劳对比试验,应力比为 0.1,应力水平分别是 σ_{max}=200 MPa 和 σ_{max}=220 MPa。

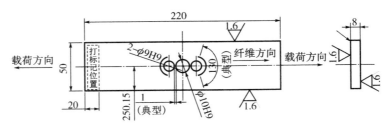

图 5-37　铝合金压印强化疲劳试样

压印前后中值疲劳寿命变化情况如表 5-17 所示,可以看出随着压印深度的增大,其中值疲劳寿命有逐渐增加的趋势。但有两处值得注意:σ_{max}=200 MPa 时,第二组与第一组中值疲劳寿命 N_{50} 相比无显著差异;σ_{max}=220 MPa 时,第四组与第三组中值疲劳寿命 N_{50} 相比无显著差异。这主要是因为压印深度增大后,其对数疲劳寿命均值有所增大,也就是说中值疲劳寿命 N_{50} 均有所增加,只不过在 t 检验中,当显著度 α=5% 时,前后中值疲劳寿命 N_{50} 的差异不显著。由于在同一应力水平下,其他试验条件和参数均相同,故可以断定:压印强化是导致某铝合金挤压厚板疲劳试样中值疲劳寿命增加的原因;随着压印深度的增大,其中值疲劳寿命也呈现出逐渐增加的趋势。所以,压印强化对某型飞机机翼油箱壁板过油孔疲劳性能有较好的提升效果和应用价值。

表 5-17　　　　　　　　　　　　压印前后中值疲劳寿命变化情况

按压印深度分组		各组中值疲劳寿命 N_{50} 的关系	
		后一组是前一组的倍数	
		σ_{max}=200 MPa 应力水平	σ_{max}=220 MPa 应力水平
第一组	不压印	/	/
第二组	压深(0.1±0.05) mm	1	1.10～1.45
第三组	压深(0.2±0.05) mm	1.20～2.33	1.24～1.91
第四组	压深(0.3±0.05) mm	2.18	1

2. 2B25-T351 铝合金的压印强化

2B25-T351 铝合金是一种典型的失效硬化型 Al-Cu-Mg 系合金,具有较高的强度、较好的断裂韧性和疲劳性能以及良好的压力加工性能,主要用于机翼壁板、框和梁等关键承力结构件。这些结构件通常采用孔连接并长期承受较大的交变载荷。因此,零件失效多以疲劳断裂的方式发生,特别是带孔的零件易因孔边应力集中而发生疲劳破坏。为满足飞机的使用寿命要求,通常采用多种强化工艺对孔周围进行强化,以提高结构孔的疲劳寿命,如喷丸强化、孔挤压强化和压印强化等。其中,压印强化可实施性强、强化效果明显,具有广阔的应用潜力[31]。

对 2B25-T351 铝合金板材进行压印强化,试样几何形状与图 5-37 一致,压印深度为(0.4±0.05) mm,强化后的试样如图 5-38 所示。然后进行疲劳试验,应力比为 0.1,最大应力 $\sigma_{max}=$ 220 MPa,加载频率为 110~130 Hz。压印强化后试样的平均寿命为 155 169 次,而未强化的试样平均寿命仅为 61 329 次,由此可以看出压印强化将 2B25-T351 铝合金的疲劳寿命提高了 1.53 倍,应用效果显著。

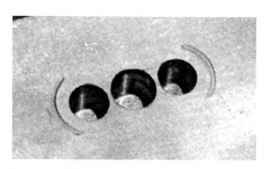

图 5-38　压印强化后的 2B25-T351 铝合金板材

5.6　超声冲击强化

5.6.1　提高疲劳强度和疲劳寿命

如今,超声冲击处理作为一种新兴提升焊接接头使用性能的方法,其稳定性已经得到了业界公认,其提升效果特别体现在疲劳强度方面。因此,超声冲击技术已经在轨道交通设备、航空航天设备、重型机械、船舶制造和油气管道等领域得到了广泛应用。美国、乌克兰的研究人员利用超声冲击处理修复出现疲劳裂纹的公路桥梁[32, 33],结果表明超声冲击处理是一种高效率的维护焊接构件和结构的方法,承载后处理构件对提高其疲劳强度能够取得与建造过程中处理达到同样好的效果。大尺寸构件的试验表明,超声冲击处理后的结构疲劳强度与其他焊后处理方法相比是最高的,现有的超声冲击设计可以用于对高速公路和铁路桥梁的恢复和维修处理。

下面仅简要介绍几个超声冲击处理的工程应用实例。典型的超声冲击处理设备及其应用如图 5-39 所示。

美国纽约的乔治·华盛顿桥是纽约的代表性建筑物之一,平时的交通通行量巨大。它是一座钢悬索桥。在对桥体日常维护中发现上部桥面结构的焊趾处存在裂纹。对此,美国桥梁管理局采用 4 台超声冲击设备,花费了一年的时间,对相关部位的焊缝进行了

（a）车床 （b）铣床

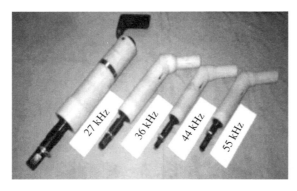 

（c）备选高能手柄 （d）自动化装置

图 5-39　超声冲击处理设备及其应用[34]

预防性和修复性的超声冲击处理,如图 5-40 所示。经过超声冲击强化,在焊缝部位引入有益的压缩残余应力,其横向残余应力轮廓如图 5-41 所示。这使得桥梁结构的疲劳寿命得到了延长,预计的提升效果如图 5-42 所示。超声冲击校正焊缝畸变如图 5-43 所示,超声冲击处理对焊接过程引起的畸变变形也有纠正的作用效果。

图 5-40　超声冲击处理道路基础设施:美国纽约的乔治·华盛顿桥[35]

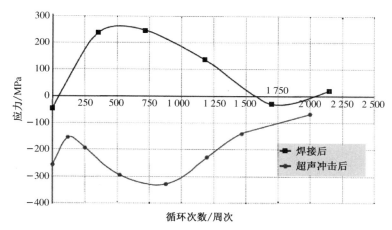

图 5-41 超声冲击处理前后焊缝的横向残余应力轮廓[35]

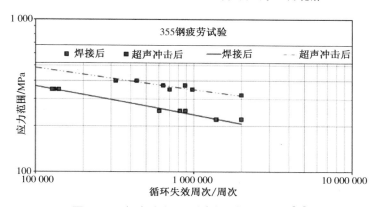

图 5-42 超声冲击处理焊缝提高疲劳寿命[35]

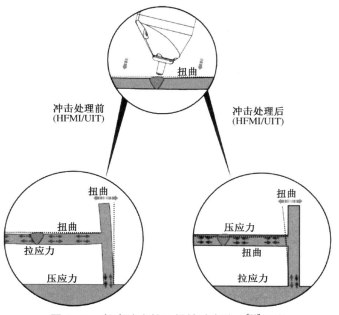

图 5-43 超声冲击校正焊缝畸变外形[35]示意

重型起重机械的提升臂采用环形焊缝连接,其焊缝部位是容易发生疲劳破坏的部位。为了提高设备整体疲劳寿命,采用超声冲击处理所有焊缝接头(图 5-44),使其疲劳寿命从 20 万次提升到 50 亿次,极大地提升了设备的使用价值。

汽车车桥的作用是承受汽车的载荷,维持汽车正常行驶,其连接部位的焊缝是决定结构疲劳寿命的关键。如图 5-45 所示,汽车车桥(后桥壳总成)的焊缝部位经超声冲击技术处理后,疲劳寿命由 50 多万次提高到了 278 万次。

图 5-44　采用超声冲击处理重型
装载机械的环型焊缝[35]

转向架是轨道车辆结构中最重要的部件之一,直接决定了车辆的稳定性和车辆的乘坐舒适性,故具有较高的质量及寿命要求,而高铁转向架的相关性能要求尤为严格。如图 5-46 所示,采用超声冲击设备消除高铁转向架的焊接应力,能够消除 80% 以上的焊接应力,并引入残余压应力,增强焊接接头的疲劳强度,预防裂纹的产生,极大地延长结构的使用寿命。

图 5-45　采用超声冲击处理汽车车桥
(后桥壳总成)的焊缝部位[36]

图 5-46　对高铁转向架正进行超声冲击处理①

由于铝合金的优异力学性质,美国海军的几种战斗舰采用 5XXX 系列的铝合金(AA5456 and AA5083)建造。然而,在高温和海洋盐腐蚀环境下,应力腐蚀会使得铝合金表面容易出现裂纹。为此,美国海军采用了超声冲击处理了重要区域的焊趾部位,以提升结构的抗腐蚀能力。图 5-47 为焊缝采用了超声冲击处理的铝合金濒海战斗舰。

———————————

① 华云毫克能. 超声冲击,消除焊接应力,应力消除专家——华云毫克能. Available from：http://www.huawin.com/chaoshengchongji/.

图 5-47　美国濒海战斗舰的铝合金表面
采用超声冲击处理①

5.6.2　消除焊接应力

国际焊接协会(IIW)提出,超声冲击强化处理可以提高焊接接头的疲劳寿命和消除焊接应力。通过国内外大量的研究和实例表明,这种方法的适用场合很广,不仅可以有效地应用于焊接结构件的制造过程,而且特别适用于现场安装焊接、构件修复焊接等场合;不仅可以用来提高焊接接头的疲劳性能,而且可以较好地消除焊接拉应力并产生理想的压应力,是一种非常有前途的焊后处理方法。

消除残余应力的方法很多,如自然时效、热时效和振动时效等,但自然时效周期太长,已不满足现在市场经济的快速要求。热时效不仅会消耗大量能源,占用场地,需较大的设备资金投入且会造成环境污染,且消除残余应力的效果也因炉况的不同而有很大的差异,其对残余应力的消除率一般在 40%～80%。振动时效虽然使用方便,但其应力消除率一般在 30%～50%。超声冲击处理是最好的消除焊接应力的方法,它不仅使残余应力的消除率达到 80%以上,而且还能产生理想的压应力,这对焊接构件的抗疲劳性能和抗应力腐蚀性能都大有益处。山东华云机电科技公司是国内研制超声冲击处理设备比较领先的公司,图 5-48 是其

图 5-48　山东华云机电科技公司研制的
豪克能超声冲击设备[36]

---

①　Sonats. HFMI treatment：ULTRASONIC IMPACT TREATMENT. Available from：http://www.sonats-et.com/.

研制的一种名为豪克能的超声冲击设备,具有较好的消除焊接残余应力的能力[5]。

下面介绍一个超声冲击处理消除应力在西气东输设备上的应用案例[37]。某气田处理厂为西气东输工程中的关键中心枢纽和标志性工程,其核心装置为 4 台 DN1600×9378 气液分离器。气液分离器的内部为反应装置,外部由 62 mm 厚的 16Mn 钢板焊接而成。其结构示意图如图 5-49 所示,在容器上有两条水平焊道,焊道宽度为 50 mm。该分离器需承受较高的工作压力,因而要求在结构上不能有任何缺陷。

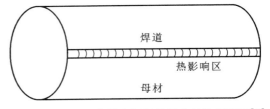

图 5-49　气液分离器中间圆筒部分结构示意图[37]

设备运至现场安装完毕后进行耐压试验,当气压达到其工作压力时,出现了意外:分离器上的水平焊道出现了细小裂纹,这表明分离器不合格且不能投入运行。由此,整个工程被延期,经济损失巨大。现场其他设备已经安装就绪,实际情况亦不允许重新制作。工程指挥部立即召集专家组进行现场会诊,制定出了切实可行的解决方案并进行补救。

在实施补救过程中,对出现细小裂纹的水平焊道余高用砂轮机打磨平,但前一天打磨掉,第二天又会出现裂纹。专家组分析认为原因是焊道及热影响区的焊接残余应力太大。为此,需对分离器的筒体焊接部位进行消除残余应力处理,以防止再次出现裂纹。

因为分离器的内在部件已安装完毕,现场相关的各部分也已连接在一起,所以既不能采用热时效,也不能采用振动时效,传统的消除应力方法在此都无法使用。面对这一难题,最终专家组提出了采用超声冲击处理设备实施消除焊接应力的方案。

采用超声冲击焊接应力消除方法是目前最能彻底消除残余应力并产生理想压应力的工艺方法,同时,可使焊接接头的疲劳强度和疲劳寿命大幅度提高。该方法的另一大优势是实施方便,可在焊接前、焊接后和焊接过程中的任意工序实施,不受外界条件限制。

采用超声冲击处理设备对气液分离器的水平焊道及焊缝热影响区进行处理,并在处理前后对残余应力进行测量,测量数据如表 5-18 所示。

表 5-18　　　　　　　　气液分离器各部位残余应力测量平均数值[35]

位置	测试状态	σ_1/MPa	σ_2/MPa	应力状态
焊道	处理前	229.2	93.1	大的拉应力
	处理后	−27.2	−38.8	压应力
热影响区	处理前	125.5	92.6	大的拉应力
	处理后	−17.9	−50.7	压应力
母材	未处理	54.9	47.3	拉应力

从表 5-18 中的数据可以看出,通过超声冲击处理,气液分离器的水平焊道残余应力

状态已由原来存在很大的拉应力状态变成理想的压应力状态。处理后对设备进行耐压试验,并在保压过程及卸压后进行磁粉探伤、X 射线探伤等检测,均未发现裂纹。最终,通过运用超声冲击处理消除了不利的焊接残余应力,保证了西气东输工程的顺利进行。

图 5-50 是超声冲击应力消除技术处理在炼钢转炉焊缝中的应用。表 5-19 是 120 吨炼钢转炉在焊缝处测得超声冲击处理前后的残余应力数值。炼钢转炉的炉体用 20 mm 厚的优质钢板焊接而成。通过表 5-19 数据可以看出,转炉炉体焊后存在较大的焊接残余应力,但经超声冲击消除应力处理后,残余拉伸应力基本上被消除,并相应产生了有益的压应力。

图 5-50　对 120 吨炼钢转炉的焊缝使用超声冲击应力消除技术处理①

表 5-19　　　　　炼钢转炉炉体在超声冲击处理前后残余应力的变化[36]

序号	测试状态	σ_1/MPa	σ_2/MPa	θ/(°)
1	处理前	212	316	−42.3
1	处理后	−14	4	17.8
2	处理前	87	251	−11.7
2	处理后	−52	−14	40.4
3	处理前	92	234	2.4
3	处理后	−54	−34	21.1
4	处理前	155	278	−16.0
4	处理后	−16	−8	10.9
5	处理前	157	295	−39.8
5	处理后	−26	−12	−20.4

① 华云豪克能. 超声冲击,消除焊接应力,应力消除专家——华云豪克能. Available from：http://www.huawin.com/chaoshengchongji/.

图 5-51 是超声冲击在核结构设施上的应用。表 5-3 是对某核电站中微子项目中 8002 编号的钢桶底板进行超声冲击消除焊接应力的数据。通过表 5-20 的数据看出，8002 号钢桶底板焊后存在较大的焊接残余应力，最高残余应力值已达 487 MPa，但经超声冲击消除应力处理后，残余拉应力基本被消除，并引入了有益的残余压应力。

图 5-51　超声冲击技术在核设施上的应用①

表 5-20　某核电站微子 8002 号钢桶底板在超声冲击处理前后残余应力的变化①

序号	测试状态	σ_1/MPa	σ_2/MPa	θ/(°)
1	处理前	55.6	0.0	−15.5
	处理后	−9.3	−27.5	12.2
2	处理前	487.4	334.8	5.1
	处理后	−122.1	−140.9	−9.8

另外一个典型的案例是超声冲击在电站转子焊缝上的应用[36]。某电站安装 6 台单机 45 MW 灯泡贯流式机组。2004 年底，在定期检测中陆续发现 3 号—5 号机组转子支臂存在裂纹缺陷，裂纹多出现在轮毂圆盘和支臂筋板之间的焊缝处。机组裂纹最多时有 196 条，总长度 14.6 m，单条裂纹最长 135 mm，最深 10 mm，严重影响了电站的安全稳定运行[36]。2006 年，对转子支臂裂纹进行了焊接处理，机组运行一段时间后，探伤复查又发现了新的裂纹，并有扩展的趋势。由于在发电机风洞内施工安全风险大，且对同一位置反复焊接会影响结构强度并可能引起磁轭变形，严重时可能导致转子报废。因此，需要深入研究转子支臂产生裂纹的原因并提出有效的处理方案。

通过对电站转子中心体轮毂圆盘（材质 18MnMoNb）和斜支臂（材质 16Mn）进行分析，发现裂纹产生的原因是由于轮毂圆盘和支臂二者不同材质钢种焊接工艺控制不佳，

① 华云豪克能. 超声冲击，消除焊接应力，应力消除专家——华云豪克能. Available from：http://www. huawin.com/chaoshengchongji/.

钢材淬硬性较高,易受氢侵蚀而脆化,在拘束应力和运行过程中产生的交变应力的作用下,发展成为微观裂纹源,进而扩展成为宏观裂纹,严重时可导致焊缝的疲劳断裂。

根据裂纹产生的原因,维修人员提出了一系列的改进处理措施。除了调整焊接工艺,选择低氢焊材等,最主要的是对焊缝采用了超声冲击技术来消除焊缝残余应力,使焊缝处圆滑过渡,消除局部区域尖锐突出、未熔合以及咬边等缺陷,提高焊缝的抗疲劳强度,有效地控制焊缝冷裂纹。经过两年多的运行检验,转子支臂裂纹由处理前平均 150 余条减少到近 10 条浅表裂纹,经打磨后消失。转子支臂裂纹超声冲击处理达到了预期目的。

根据测试结果得到了焊缝残余应力沿深度方向的分布状态,如图 5-52 所示。可以发现超声冲击处理得到如下效果:焊缝表面下 1～2 mm 的深度范围内产生压缩性的塑性形变、完全消除了拉应力,并引入了压应力层;表面下 3～5 mm 的深度范围内消除残余应力 70%;表面下 6～10 mm 的深度范围内消除残余应力 50%。尤其值得关注的是,经超声冲击处理后的焊缝表层 0.02～0.1 mm 的深度范围内表层晶粒细化,提高了材料的硬度和耐蚀性。

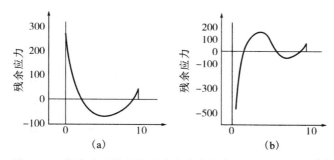

图 5-52　超声冲击处理前后残余应力状态沿深度方向分布[38]

试验结果和实际应用效果表明,焊缝表面采用超声冲击消应力处理,对焊缝表面和表面下 10 mm 的深度范围内消应力效果明显;超声冲击可以改善焊趾几何形状,使焊缝表面形成光滑的过渡圆弧,1～2 mm 的表层晶粒细化并引入压应力,消除焊趾表面微小缺陷。其综合作用是提高了焊接接头的疲劳强度,延长了疲劳寿命,防止焊缝开裂。

5.7　低塑性抛光

1. 压气机叶片的低塑性抛光

低塑性抛光技术曾应用于美国海军 T56 发动机第 1 级压气机 17-4PH 不锈钢压气机叶片,具体是采用叶片边缘形状的厚截面试验件,研究并对比了低塑性抛光技术与喷丸技术在高循环疲劳、损伤容限和盐水腐蚀疲劳的特性(图 5-53)[37]。试验结果表明:采用低塑性抛光技术可以在 1.0 mm 深度内引入残余压应力,从而大幅度提高了高周疲劳和腐蚀疲劳性能。与喷丸处理的 T56 叶片试验件相比,低塑性抛光技术还大幅提高了叶片边缘抗外物损伤能力。试样基本疲劳强度是 930 MPa,仅比喷丸状态的 965 MPa 略低。但是,由于低塑性抛光引入了接近屈服强度的残余压应力,因此产生了 1 240 MPa 的疲劳强度,甚至超过了材料的拉伸屈服强度 1 033 MPa。当用放电加工(EDM)制造一个深 0.25 mm、长 0.76 mm 的损伤缺口时,未经过低塑性抛光处理的试样,其高周疲劳性能下降得非常大,此时喷丸强化和基础试样的疲劳强度仅为 275 MPa 和 170 MPa,而低塑性抛光处理的试样疲劳强度则高达 380 MPa[38]。

腐蚀环境对燃气涡轮发动机零件能够产生很严重的影响,会造成腐蚀凹坑和高周寿命的重大缺陷,铁基不锈钢中的盐雾腐蚀凹坑是常见的疲劳裂纹起始处。腐蚀坑的深度及相应的应力强度因数是由燃气涡轮发动机暴露的时间、温度以及使用环境决定的。盐腐蚀坑一般会使持久极限降低到未经过腐蚀的一半左右,如果有外物损伤或侵蚀,则会使腐蚀的影响加剧。将厚截面弯曲试样暴露在腐蚀介质中来监控(疲劳循环过程中)强烈腐蚀对高周疲劳的影响,结果表明在酸性盐溶液中没有外物损伤的低应力磨削试样的疲劳强度是 689 MPa,而同等情况下低塑性抛光处理的试样疲劳强度超过 1 102 MPa,腐蚀疲劳性能得到了显著改善。

图 5-53　T56 发动机第一级压气机 17-4PH 材质叶片进气边使用卡钳式工具 LPB 处理[37]

2. 飞机起落架的低塑性抛光

美国空军研究实验室的材料研究人员曾用低塑性抛光技术来降低 300M 钢的应力腐蚀开裂敏感性,300M 钢是飞机起落架常用钢,易产生腐蚀疲劳及应力腐蚀开裂,从而导致起落架失效[39]。利用低塑性抛光技术可以在 300M 钢表面引入残余压应力场,从而有效提高疲劳性能、抗外物损伤以及抗应力腐蚀开裂能力。

相关试验结果表明,低塑性抛光所引入的残余压应力深度达 1.27 mm,是喷丸强化的 10 倍,经低塑性抛光处理后的试样在 1 050~1 260 MPa 的载荷下可以维持 1 500 h 而不失效,未经强化的试样,10 h 即发生失效,强化效果显而易见。研究结果还表明,低塑性抛光产生的深层残余压应力在起落架制造及服役过程中是稳定的,从而显著提高了零部件的抗疲劳性能。

参 考 文 献

［1］许正功,陈宗帖,黄龙发.表面形变强化技术的研究现状[J].装备制造技术,2007(4):69-71.

［2］金辉,何柏林.表面处理技术改善结构表面残余应力的研究进展[J].热加工工艺,2019,48(6):30-34,40.

［3］高玉魁.喷丸强化对 DD6 单晶高温合金高温旋转弯曲疲劳性能的影响[J].金属热处理,2009(8):66-67.

［4］高玉魁,姜涛.喷丸强化对 DZ4 定向凝固高温合金高温旋转弯曲疲劳性能的影响[J].航空材料学报,2010,30(6):35-38.

［5］严振,梁益龙,张泽军,等.喷丸强化对 TC11 钛合金高周疲劳性能的影响[J].稀有金属,2014,38(4):554-560.

［6］束德林.工程材料力学性能[M].2版.北京:机械工业出版社,2010.

［7］邵晖,赵永庆,曾卫东,等.α+β钛合金微观组织对强韧性的影响概述[J].稀有金属材料与工程,2012(7):189-192.

［8］郑楠,于广娜,刘晓哲,等.涡轮盘榫槽裂纹失效分析及喷丸强化改进[J].金属热处理,2019,44(3):237-241.

［9］顾玉丽,陶春虎,余力,等.DZ125 高温合金超高周疲劳裂纹萌生与扩展[J].失效分析与预防,2014,9(6):323-329.

［10］刘长生,彭月友.喷丸强化延长起落架寿命[J].航空工艺技术,1981(4):22.

［11］张志刚,翟甲友,高玉魁.300M 钢表面喷丸强化工艺应用研究[J].表面技术,2016,45(4):71-74,80.

［12］高玉魁,李向斌,殷源发.超高强度钢的喷丸强化[J].航空材料学报,2003,23(z1):132-135.

［13］刘长生.30CrMnSiNi2A 钢镀铬前后喷丸对疲劳强度的影响[J].航空工艺技术,1982(1):11-13.

［14］金荣植.喷丸强化技术在汽车制造业的应用[J].汽车工艺师,2016,150(1):57-60,63.

［15］叶玉春.喷丸强化对汽车离合器膜片弹簧疲劳寿命影响的实验研究[J].机械工程师,2009(7):51-52.

［16］高玉魁,蒋聪盈.激光冲击强化研究现状与展望[J].航空制造技术,2016,59(4):16-20.

［17］张莹,张义文,张娜,等.粉末冶金高温合金 FGH97 的低周疲劳断裂特征[J].金属学报(4):62-68.

［18］赵勇,姜银方,彭涛涛,等.激光冲击强化铝合金小孔构件的疲劳寿命研究[J].航空制造技术,2017,60(13):38-43.

[19] 花银群，陈瑞芳，路淼，等. 激光冲击强化处理40Cr钢的实验研究[J]. 中国激光，2004，31(4)：495-498.

[20] 任志强，李鸿，何卫锋，等. 发动机1Cr11Ni2W2MoV叶片激光冲击强化的应用研究[J]. 失效分析与预防，2013,8(3):30-34.

[21] Reid L. Airframe Life Extension through Cold Expansion Techniques[C]. Institution of Engineers, Australia，1991.

[22] 王燕礼，朱有利，曹强，等. 孔挤压强化技术研究进展与展望[J].航空学报，2018，39(2)：6-22.

[23] 陈忱，曹瑶琴，宋颖刚，等. 直升机旋翼关键零件孔挤压强化工艺应用研究[J]. 直升机技术，2016(4)：38-42,45.

[24] 高玉魁. 孔挤压强化对23Co14Ni12Cr3MoE钢疲劳性能的影响[J]. 金属热处理，2007,32(11)：38-40.

[25] 陈先华，耿玉晓，刘娟. 镁及镁合金功能材料的研究进展[J]. 材料科学与工程学报，2013(1)：148-152.

[26] 马铭，田龙，何强. 孔强化处理对带孔镁合金零件疲劳性能的影响[J]. 金属热处理，2014(6)：106-108.

[27] 杨洪源，刘文珽. 孔挤压强化疲劳增寿效益的试验研究[J]. 机械强度，2010，32(3):104-108.

[28] 邹洁，刘士军，刘萍. 油管螺纹滚压强化技术研究[J].采油工程文集,2015,2(1):45-49.

[29] 宋德玉，高文，赵振业. 螺纹滚压强化对300M钢螺纹疲劳强度的影响[J]. 材料工程，1993(2)：17-19.

[30] 陈金祥，王志远. 应力压印技术在西飞干线机项目上的应用[J]. 西飞科技，1998(3):14-18.

[31] 李超，汝继刚，李慧曲，等. 2B25-T351压印强化残余应力场的有限元模拟与实验[J]. 塑性工程学报，2014(4):19-22.

[32] Roy S，Fisher J W，Yen B T. Fatigue resistance of welded details enhanced by ultrasonic impact treatment (UIT) [J]. International Journal of Fatigue，2003，25(9)：1239-1247.

[33] Roy S，Fisher J W. Enhancing Fatigue Strength by Ultrasonic Impact Treatment [J]. International Journal of Steel Structures，2005，5(3)：241-252.

[34] Statnikov E S，Korollkov O V，Vityazev V N，et al. Physics and mechanism of ultrasonic impact treatment [J]. Ultrasonics International，2006，44：533-538.

[35] 傅世嘉. 豪克能焊接应力消除设备在西气东输工程上的应用[J]. 电焊机，2007，37(10):15-23.

[36] 王爱民. 超声冲击技术的研究与应用[J]. 科技创新与应用，2013(2)：10.

[37] 孙明霞，梁春华. 低塑性抛光技术在压气机叶片上的发展与应用[J]. 航空制造技术，2014，451(7)：57-59.

[38] Prevéy P S，Jayaraman N，Ravindranath R. Low Plasticity Burnishing (LPB) treatment to mitigate FOD and corrosion fatigue damage in 17-4 PH stainless steel[R]. Lambda Research Cincinnati oh，2003.

[39] 石文生. 几种新的军机维修技术[J]. 航空维修与工程，2008,1:19-20.